HAIR DRESSER

빨리빨리 합격하는
미용사일반
실기시험문제

저자 소개

오 영 애

현) 현대미용직업전문학교 교장
전) (사)한국미용장협회 회장
전) 광주여자대학교 미용학과 외래교수
미국 시카고 피봇포인트 교육강사코스 수료

문 승 재

미용학 박사
미용기능장, 이용기능장
문승재 헤어랜드 원장

김 세 원

미용학 박사수료
미용기능장
현) 래쉬 프랑스 원장

Introduction

　미용인의 꿈을 실현하기 위해 열심히 노력하는 많은 분들에게 인사드립니다.

　미용인이 되기 위한 첫 관문인 미용사 국가기술자격증을 취득하기 위해서는 1차 필기시험과 2차 실기시험을 합격해야 합니다.

　이 교재는 미용사(일반) 실기시험에 대비하여 수험생들에게 최고의 수험서가 될 수 있도록 집필하였으며, 미용인으로서 지녀야 할 필수적인 지식과 덕목을 함께 포함시킨 최신개정판입니다.

　30년이 넘는 기간 동안 미용이론과 실무에 대해 가르치면서 쌓은 경험을 토대로 수험생들이 쉽게 이해할 수 있도록 상세한 설명과 현장감 있는 시술 도해만으로 구성하여 가장 좋은 시험 준비 교재가 되도록 노력하였습니다.

　특히 두피스케일링, 백샴푸, 블로우드라이, 커트, 퍼머넌트 웨이브, 세팅, 헤어 컬러링 부분은 새롭게 바뀐 출제기준에 맞춰 수험자가 능숙하게 시술할 수 있도록 하였습니다.

　미용사 국가기술자격시험은 미용인의 꿈을 펼칠 수 있는 길을 열어주는 중요한 역할을 하고 있습니다. 이 교재의 목표인 실기시험 합격을 위한 가장 좋은 방법은 정확한 실기이론에 대한 이해를 바탕으로 한 꾸준한 시술 연습이라고 할 수 있습니다.

　이 교재가 미용인의 꿈을 펼치려는 여러분에게 합격의 훌륭한 길잡이가 되길 바라며 앞으로 더 나은 교재가 되도록 여러분의 뜨거운 사랑과 조언을 부탁드립니다

대표 저자 　오 영 애 올림

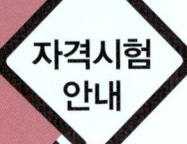

Information Boards

미용사(일반) 자격시험안내

▶ 개요
미용업무는 공중위생분야로서 국민의 건강과 직결되어 있는 중요한 분야로 향후 국가의 산업구조가 제조업에서 서비스업 중심으로 전환되는 차원에서 수요가 증대되고 있다. 분야별로 세분화 및 전문화 되고 있는 세계적인 추세에 맞추어 미용의 업무 중 헤어, 미용의 업무를 수행할 수 있는 미용분야 전문인력을 양성하여 국민의 보건과 건강을 보호하기 위하여 자격제도를 제정하였다.

▶ 수행직무
고객의 미적요구와 정서적 만족감 충족을 위해 미용기기와 제품을 활용하여 샴푸, 헤어커트, 헤어 퍼머넌트 웨이브, 헤어컬러, 두피, 모발관리, 헤어스타일 연출 등의 서비스를 제공하는 직무이다.

▶ 진로 및 전망
미용실에 취업하거나 직접 자신의 미용실을 운영할 수 있다. 미용업계가 과학화, 기업화 됨에 따라 미용사의 지위와 대우가 향상되고 작업조건도 양호해질 전망이며, 남자가 미용실을 이용하는 경향이 두드러지고, 많은 남자 미용사가 활동하는 미용업계의 경향으로 보아 남자에게도 취업의 기회가 확대될 전망이다.

▶ 자격시험 안내
① 시행처 : 한국산업인력공단
② 훈련기관 : 직업전문학교 미용 6개월 과정 및 여성발전센터 3개월 과정 등
③ 시험과목
- 필기 : 1.미용이론(피부학) 2.공중위생관리학(공중보건학, 소독학, 공중위생법규) 3.화장품학
- 실기 : 미용작업

④ 검정방법
- 필기 : 객관식 4지 택일형, 60문항(60분)
- 실기 : 작업형(2시간 45분 정도, 100점)

⑤ 합격기준 : 100점 만점에 60점 이상(각 과제별 배점은 20점이다)
⑥ 응시자격 : 제한 없음

※ 2016년도부터 과정평가형 자격으로 취득 가능(관련 홈페이지 : www.ncs.go.kr)

출제기준

직무 분야	이용·숙박· 여행·오락·스포츠	중직무 분야	이용·미용	자격 종목	미용사(일반)	적용 기간	2022. 1. 1 ~ 2026. 12. 31

○ **직무내용**
고객의 미적요구와 정서적 만족을 위해 미용기구와 제품을 활용하여 샴푸, 두피·모발관리, 헤어커트, 헤어펌, 헤어컬러, 헤어스타일 연출 등의 서비스를 제공하는 직무

○ **수행준거**
1. 고객에게 청결하고 안전한 서비스를 제공하기 위해 미용사와 서비스공간의 위생을 관리하고 안전사고를 예방하는 능력이다.
2. 고객의 두피·모발상태를 분석한 후 그 결과에 따라 기기와 제품을 선택하여 두피와 모발을 건강하게 관리하는 능력이다.
3. 고객의 두피·모발 상태에 따라 적합한 샴푸제와 트리트먼트제를 선택하여 샴푸 기술을 사용하여 세정하는 능력이다.
4. 모발에 펌제를 도포하고 로드로 와인딩하여 모발을 웨이브형태로 변화시킬 수 있는 능력이다.
5. 모발에 펌제를 도포하고 플랫 형태의 매직기를 사용하여 모발을 스트레이트 형태로 변화시킬 수 있는 능력이다.
6. 블로우 드라이어, 헤어 아이론, 헤어브러시 등의 기기 및 도구를 이용하여 모발을 스트레이트 또는 C컬 형태로 연출하는 능력이다.
7. 목적에 따라 선정한 염·탈색제를 모발에 원터치 또는 투터치 등의 도포법을 사용하여 모발의 색을 변화시킬 수 있는 능력이다.
8. 층이 없는 형태의 헤어커트 스타일로 두상의 모든 모발을 동일선상에서 커트하는 능력이다.
9. 모발에 층이 있는 형태의 헤어커트로 헤어스타일에 따라 원하는 부분에 무게감을 주어 볼륨을 만들 목적으로 모발을 커트하는 능력이다.
10. 모발에 층이 있는 형태의 헤어커트로 가벼운 헤어스타일을 연출할 목적으로 모발을 커트하는 능력이다.

실기과목명	주요항목	세부항목	세세항목
미용실무	1. 미용업 안전 위생 관리	1. 미용사 위생 관리하기	1. 고객의 두피나 얼굴 등에 상해를 주지 않도록 손톱을 관리할 수 있다. 2. 고객에게 불쾌감을 주지 않도록 체취와 구취를 관리할 수 있다. 3. 미용 업소 내에서 복장을 청결하게 착용할 수 있다. 4. 미용서비스 전·후 손을 깨끗이 씻거나 소독할 수 있다.
		2. 미용업소 위생 관리하기	1. 청소점검표에 따라 미용업소 내·외부를 청소할 수 있다. 2. 미용서비스를 위한 수건과 가운 등을 위생적으로 준비할 수 있다. 3. 설비시설과 사용기기 및 도구의 소재별 특성에 따라 소독하여 준비할 수 있다. 4. 미용업소에서 발생하는 쓰레기를 분리한 후 주변을 청결하게 정리할 수 있다.
		3. 미용업 안전 사고 예방하기	1. 전기사고 예방을 위해 전열기, 전기기기 등의 안전 상태를 점검할 수 있다. 2. 화재사고 예방을 위해 난방기, 가열기 등의 안전 상태를 점검할 수 있다. 3. 낙상사고 예방을 위해 바닥의 이물질 등을 수시로 제거할 수 있다. 4. 구급약을 비치하여 상황에 따른 응급조치를 할 수 있다. 5. 긴급 상황 발생 시 비상조치 요령에 따라 신속하게 대처할 수 있다.

실기과목명	주요항목	세부항목	세세항목
미용실무	2. 두피·모발 관리	1. 두피·모발 관리 준비하기	1. 두피·모발 관리에 필요한 기기와 도구 및 재료를 준비할 수 있다. 2. 문진, 시진, 촉진 등으로 분석한 두피·모발 상태에 대해 고객과 상담할 수 있다. 3. 두피·모발 분석내용을 고객관리차트에 기록할 수 있다.
		2. 두피 관리하기	1. 두피 분석 결과에 따라 관리방법을 선택할 수 있다. 2. 두피 상태에 따라 관리에 필요한 기기, 기구, 제품을 선택하여 사용할 수 있다. 3. 두피를 샴푸, 스케일링, 두피매니플레이션, 팩, 앰플 등으로 관리할 수 있다.
		3. 모발 관리하기	1. 모발 분석에 따라 관리 방법을 계획할 수 있다. 2. 모발 상태에 따라 관리에 필요한 기기, 기구, 제품을 선택하여 사용할 수 있다. 3. 모발을 샴푸, 팩, 앰플 등으로 관리할 수 있다.
		4. 두피·모발 관리 마무리하기	1. 두피·모발 진단기를 사용하여 관리 전·후의 변화를 비교하여 고객에게 설명할 수 있다. 2. 건강한 두피·모발상태 유지를 위한 홈 케어 방법을 고객에게 설명할 수 있다. 3. 두피·모발 관리내용을 고객관리차트에 기록할 수 있다.
	3. 헤어샴푸	1. 헤어 샴푸하기	1. 고객의 편의를 위해 가운 및 무릎 덮개, 어깨타월을 착용해 주고 좌식 또는 와식 샴푸를 할 수 있다. 2. 엉킨 모발의 정돈과 이물질 제거를 위해 사전 브러시를 할 수 있다. 3. 고객이 불편하지 않도록 샴푸대의 높이와 수온 및 수압을 조절할 수 있다. 4. 얼굴에 물이 튀지 않도록 모발에 물길을 만들어 모발을 충분하게 물에 적실 수 있다. 5. 모발 길이 및 모량에 따라 적당량의 샴푸제를 사용하여 두피 매니플레이션을 할 수 있다. 6. 샴푸성분이 남지 않도록 페이스라인, 귀, 모발, 두피 등을 충분하게 헹굴 수 있다.
		2. 헤어 트리트먼트하기	1. 샴푸 후 두피·모발 상태를 파악하여 모발을 트리트먼트를 할 수 있다. 2. 트리트먼트제를 모발에 도포한 후 두피 지압과 매니플레이션을 할 수 있다. 3. 트리트먼트제가 페이스라인, 귀, 두피 등에 남지 않도록 충분하게 헹굴 수 있다. 4. 타월로 모발의 물기를 제거한 후 두상을 타월로 감쌀 수 있다. 5. 샴푸대 및 주변을 깨끗하게 정리한 후 고객을 서비스 공간으로 안내할 수 있다.
	4. 베이직헤어펌	1. 베이직 헤어펌 준비하기	1. 고객에게 어깨보, 가운 등을 착용해 줄 수 있다. 2. 베이직 헤어펌 전 사전 샴푸를 할 수 있다. 3. 모발 길이 등 모발의 상태에 따라 사용할 호수별 로드, 밴드, 앤드페이퍼 등 필요한 도구 및 재료를 준비할 수 있다. 4. 모발에 사전 처리 작업으로 전처리제 도포 및 연화 또는 유화작업을 할 수 있다. 5. 헤어라인 및 두피에 보호제를 도포할 수 있다.

실기과목명	주요항목	세부항목	세세항목
미용실무	4. 베이직 헤어펌	2. 베이직 헤어펌하기	1. 크로키놀식 및 스파이럴식 기법으로 와인딩 할 수 있다. 2. 와인딩 된 모발에 1제를 도포하고 타월밴드 및 비닐캡 처리를 할 수 있다 3. 헤어펌제의 촉진을 위해 가온기나 음이온기기 등을 사용하여 열처리를 할 수 있다. 4. 웨이브의 형성 정도를 파악하기 위해 테스트컬을 할 수 있다. 5. 테스트컬의 결과에 따라 중간 세척을 할 수 있다. 6. 헤어펌제의 유형과 펌디자인에 따라 2제를 도포할 수 있다.
		3. 베이직 헤어펌 마무리하기	1. 로드-오프 하여 마무리 세척을 할 수 있다. 2. 헤어펌 디자인에 따라 잔여 수분함량을 조절할 수 있다. 3. 헤어펌 디자인에 따라 헤어스타일링 제품을 사용하여 마무리할 수 있다.
	5. 매직스트레이트 헤어펌	1. 매직스트레이트 헤어펌하기	1. 매직스트레이트 헤어펌에 필요한 도구 일체를 준비할 수 있다. 2. 모발 연화를 위해 펌 1제와 가온기 등을 사용할 수 있다. 3. 연화가 끝난 모발을 충분히 헹군 후 건조시킬 수 있다. 4. 플랫 형태의 매직기로 모발의 큐티클을 정돈하며 스트레이트 형태로 펼 수 있다. 5. 펌 2제가 피부에 흘러내리지 않도록 도포 할 수 있다.
		2. 매직스트레이트 헤어펌 마무리하기	1. 매직스트레이트 헤어펌의 마무리 세척을 할 수 있다. 2. 스타일링을 위해 모발에 잔여 수분함량을 조절할 수 있다. 3. 헤어스타일 연출 제품을 사용하여 마무리할 수 있다. 4. 고객에게 홈케어 손질법을 설명할 수 있다.
	6. 기초 드라이	1. 스트레이트 드라이하기	1. 모발 상태와 헤어디자인에 따라 블로우 드라이어, 헤어 아이론, 헤어브러시 등의 기기 및 도구를 선정할 수 있다. 2. 블로우 드라이어를 사용하여 모발을 스트레이트로 연출할 수 있다. 3. 헤어 아이론을 사용하여 모발을 스트레이트로 연출할 수 있다. 4. 모발 상태와 헤어디자인에 따라 기기의 온도, 각도와 방향, 텐션 등을 조절할 수 있다. 5. 콤아웃 기법과 헤어스타일 연출 제품 등을 사용하여 헤어스타일을 완성할 수 있다.
		2. C컬 드라이하기	1. 모발 상태와 헤어디자인에 따라 블로우 드라이어, 헤어 아이론, 헤어브러시 등의 기기 및 도구를 선정할 수 있다. 2. 블로우 드라이어를 사용하여 모발을 인컬, 아웃컬로 연출할 수 있다. 3. 헤어 아이론을 사용하여 모발을 인컬, 아웃컬로 연출할 수 있다. 4. 모발 상태와 헤어디자인에 따라 기기의 온도, 각도와 방향, 텐션 등을 조절할 수 있다. 5. 콤아웃 기법과 헤어스타일 연출 제품 등을 사용하여 헤어스타일을 완성할 수 있다.

실기과목명	주요항목	세부항목	세세항목
미용실무	7. 베이직 헤어컬러	1. 베이직 헤어컬러하기	1. 고객의 의복, 피부 등에 염모제 묻지 않도록 가운, 어깨보 등을 착용해 줄 수 있다. 2. 고객에게 염모제를 사용하여 패치테스트 및 스트렌드 테스트를 할 수 있다. 3. 두피 및 모발 상태에 따른 전처리 제품과 도구 및 재료를 준비할 수 있다. 4. 원터치 및 투터치 등의 방법으로 염모제를 도포할 수 있다. 5. 염모제의 발색 촉진을 위해 가온기나 음이온기기 사용여부를 선택할 수 있다.
		2. 베이직헤어컬러 마무리하기	1. 염모제를 제거하기 위한 마무리 샴푸를 할 수 있다. 2. 피부에 묻은 염·탈색제를 제거할 수 있다. 3. 타월 드라이 및 핸드드라이 기법으로 모발을 건조시킬 수 있다.
	8. 원랭스 헤어커트	1. 원랭스 커트하기	1. 고객에게 어깨보, 커트보 등을 착용해 줄 수 있다. 2. 헤어커트 유형에 따라 모발의 수분 함량을 조절하거나 오염이 심한 모발은 사전 샴푸를 할 수 있다. 3. 헤어커트 공간을 정리한 후 커트 목적에 따라 도구를 선택하여 바른 자세로 블런트 커트할 수 있다. 4. 원랭스 스타일에 따라 블로킹과 섹션을 정확하게 구분하여 수평, 사선의 형태로 커트 할 수 있다. 5. 커트 후 균형 및 완성도를 체크할 수 있다.
		2. 원랭스 커트 마무리하기	1. 고객의 얼굴과 목 등에 남아있는 머리카락을 제거할 수 있다. 2. 헤어커트 후 고객 만족을 파악하여 필요한 경우 수정 및 보정커트를 할 수 있다. 3. 헤어커트 후 원랭스 스타일에 따라 모발을 건조하여 마무리할 수 있다. 4. 사용한 헤어커트 도구는 청결하게 관리하고 주변을 정리·정돈할 수 있다.
	9. 그래쥬에이션 헤어커트	1. 그래쥬에이션 커트하기	1. 그래쥬에이션 스타일에 따른 블로킹과 섹션을 할 수 있다. 2. 그래쥬에이션 스타일에 따른 빗질의 방향과 각도를 조절할 수 있다. 3. 빗과 커트도구를 정확하게 사용하여 그래쥬에이션 커트를 할 수 있다. 4. 모량조절이 필요한 부분에 틴닝가위를 사용할 수 있다. 5. 가위 또는 클리퍼를 사용하여 아웃라인을 정리할 수 있다.
		2. 그래쥬에이션커트 마무리하기	1. 고객의 얼굴과 목 등의 머리카락을 제거할 수 있다. 2. 헤어커트 후 고객 만족을 파악하여 필요한 경우 수정 및 보정 커트를 할 수 있다. 3. 그래쥬에이션 커트에 어울리는 스타일로 마무리 할 수 있다. 4. 사용한 헤어커트 도구는 청결하게 관리하고 주변을 정리·정돈할 수 있다.

실기과목명	주요항목	세부항목	세세항목
미용실무	10. 레이어 헤어커트	1. 레이어 헤어커트하기	1. 레이어 헤어커트 스타일에 따른 블로킹과 섹션을 할 수 있다. 2. 레이어 헤어커트 스타일에 따른 빗질의 방향과 각도를 조절할 수 있다. 3. 헤어커트 빗과 가위를 정확하게 사용하여 레이어 커트를 할 수 있다. 4. 모량조절이 필요한 부분에 틴닝가위를 사용할 수 있다.
		2. 레이어 헤어커트 마무리하기	1. 고객의 얼굴과 목 등의 머리카락을 제거할 수 있다. 2. 레이어 헤어커트 마무리 후 고객 만족도를 파악하여 필요한 경우 수정·보완커트를 할 수 있다. 3. 레이어 헤어커트 마무리가 종료 된 후 사용한 헤어커트 도구와 주변을 즉시 정리·정돈할 수 있다. 4. 레이어 헤어커트에 어울리게 헤어스타일을 마무리 할 수 있다.

▶ 수험자 유의사항

미용사(일반) 실기시험 지참 준비물 목록

번호	지참 공구명	규격	단위	수량	비고
1	모델	모발 길이(귀밑 5cm 이상, 네이프 라인 5cm 이상)의 만 14세 이상 모델	명	1	두피 스케일링 및 백 샴푸 시
2	위생복		벌	1	흰색, 수험자용 (1회용 가운 허용 불가)
3	마네킹 (16인치 이상) 또는 덧가발(민두 포함)	모발이 달려있는 마네킹 (총 중량 160g 이상 정도)	세트	1	어깨 없는 스타일
4	홀더	미용작업용	세트	1	-
5	롤러	대, 중, 소 벨크로 타입 (일명 찍찍이 롤)	개	31개 이상	총 31개 이상
6	가위	헤어커트용 미용가위	개	1	-
7	고무밴드	퍼머넌트 웨이브용	개	60개 이상	2중대형 밴딩용, 노란색(총 60개 이상)
8	굵은빗	미용작업용	개	1	-
9	꼬리빗	퍼머넌트 웨이브용	개	1	-
10	분무기	미용작업용	개	1	-
11	브러시	미용작업용	개	1	-
12	타월	미용작업용	장	6장 이상	시술과정에 지장이 없는 수량 및 크기
13	탈지면	두피 스케일링용 7×10cm 이상	개	2개 이상	-

번호	지참 공구명	규격	단위	수량	비고
14	로드	퍼머넌트 웨이브용	개	필요량	6~10호
15	엔드 페이퍼	퍼머넌트 웨이브용	장	60장 이상	-
16	대핀(핀셋)	대형(모발 고정용)	개	5개 이상	-
17	쿠션(덴맨)브러시	두피용	개	1	브러싱용
18	커트빗	미용작업용	개	1	-
19	우드스틱	미용작업용	개	2개 이상	-
20	산성염모제 (빨강, 노랑, 파랑)	크림 타입, 색상별 각 1개	개	각 1개	덜어오거나 미리 섞어오는 것 제외
21	염색 볼	미용작업용	개	필요량	-
22	염색 브러시	미용작업용	개	필요량	-
23	아크릴 판	미용작업용	개	필요량	투명색
24	호일	미용작업용	개	필요량	-
25	일회용 장갑	미용작업용	개	1개 이상	-
26	티슈		개	필요량	-
27	신문지		장	필요량	-
28	투명 테이프	폭 2cm 이상	개	1	헤어피스 고정용
29	물통		개	필요량	헹굼용
30	헤어 드라이어	1.2Kw 이상	개	1	-
31	샴푸제	두피·모발용	개	1	덜어오는 것 제외
32	린스제 (트리트먼트제)	두피·모발용	개	1	덜어오는 것 제외
33	스케일링제	두피용	개	1	덜어오는 것 제외
34	위생봉지(투명비닐)		개	1	쓰레기 처리용
35	스케일링 볼	두피·모발용	개	1	-
36	롤 브러시	블로 드라이용	개	필요량	열판부착 타입제품 사용불가
37	헤어망	롤세팅용	개	1	그물망
38	헤어피스 (시험용 웨프트)	7×15cm 이상(15g 내외)	개	1	명도 7레벨, 15g 내외로 모량이 적당한 것

※ 마네킹은 사전에 물리·화학적인 처리 불가, 구입상태 그대로(가공하지 않은 상태) 지참해야 합니다.
※ 공개문제 및 수험자 지참 준비물에 언급된 도구 및 재료 중 기타 실기시험에서 요구한 작업 내용에 영향을 주지 않는 범위 내에서 수험자가 헤어 미용 작업에 필요하다고 생각되는 재료 및 도구는 추가 지참 할 수 있습니다.

※ 헤어컬러링 시 호일은 사전에 수험자의 편의에 따라 알맞은 사이즈로 접어 오거나 잘라 준비 가능합니다.

※ 수험자의 복장상태 증 위생복 속 반팔 또는 긴팔 티셔츠가 밖으로 나온 것도 감정사항에 해당됨을 양지바랍니다.

1. 수험자와 모델은 시험위원의 지시에 따라야 하며, 지정된 시간에 시험장에 입실해야 합니다.
2. 수험자는 수험표 및 신분증(본인임을 확인할 수 있는 사진이 부착된 증명서)을 지참해야 합니다.
3. 수험자는 반드시 반팔 또는 긴팔 흰색 위생복(일회용 가운 제외)을 착용하여야 하며 복장에 소속을 나타내거나 암시하는 표식이 없어야 합니다.
4. 수험자 또는 모델은 스톱워치나 핸드폰을 사용할 수 없습니다.
5. 수험자 및 모델은 눈에 보이는 표식이 없어야 하며, 표식이 될 수 있는 액세서리(예 : 반지, 시계, 팔찌, 발찌, 목걸이, 귀걸이 등)를 착용할 수 없습니다(단, 수험자는 어떠한 눈에 보이는 표식도 불허하나 모델은 네일 컬러링, 디자인 등 일부는 허용함).
6. "두피스케일링 및 백샴푸"과제 시 모든 수험자는 대동한 모델에 작업해야 하고 모델을 대동하지 않을 시에는 "두피스케일링 및 백샴푸"과제를 응시할 수 없습니다.

> ※ 모델 기준 : 만 14세 이상의 신체 건강한 남, 여(년도기준)로 모발 길이가 귀 밑 5cm 이상, 네이프 라인 5cm 이상인 자
> **※ 수험자가 동반한 모델도 신분증을 지참하여야 하며, 공단에서 지정한 신분증을 지참하지 않은 경우, 모델로 시험에 참여가 불가능합니다.**

7. 매 과정별 요구사항에 여러 가지 과제 유형이 있는 경우에는 반드시 시험위원이 지정하는 과제 형으로 작업해야 합니다.
8. 매 작업과정 전에는 준비 작업시간을 부여하므로 시험위원의 지시에 따라 행동하고 각종 도구도 잘 정리정돈 후 작업에 임하여야 합니다.
9. 주어진 해어 커트 과제에 따라 그 다음 작업(블로 드라이 및 롤 세팅)의 과제 형이 정해지며, 그 순서와 내용은 다음과 같습니다.
   ※ 이사도라 → 블로 드라이(아웃컬), 스파니엘 → 블로 드라이(인컬),
   그래듀에이션 → 블로 드라이(인컬), 레이어드 → 롤컬
10. 블로 드라이 및 롤 세팅 과제 종료 후 헤어퍼머넌트 와인딩 전에 무리 없는 작품의 연결을 위해 재커트를 15분 동안 실시해야 합니다(단, 레이어드 커트일 경우에는 롤 세

팅 작업을 위한 재커트는 일체 허용하지 않습니다).
11. 시험 종료 후 헤어피스 이외에 지참한 모든 재료는 수험자가 가지고 가며, 작업대 및 주변을 깨끗이 정리하고 퇴실토록 합니다.
12. 시험 종료 후 작업을 계속하거나 작품을 만지는 경우는 미완성으로 처리되며 해당 과제를 0점으로 처리합니다.
13. 작업에 필요한 가위 등 각종 도구를 바닥에 떨어뜨리는 일이 없도록 하여야 하며, 특히 가위 등을 조심성 있게 다루어 안전사고가 발생되지 않도록 주의해야 합니다.
14. 다음 사항은 실격에 해당하여 채점 대상에서 제외됩니다.
    ① 마네킹 또는 헤어피스를 사전 작업하여 시험에 임하는 경우
    ② 시험의 전체 과정을 응시하지 않은 경우
    ③ 시험도중 시험장을 무단으로 이탈하는 경우
    ④ 부정한 방법으로 타인의 도움을 받거나 타인의 시험을 방해하는 경우
    ⑤ 무단으로 모델을 수험자 간에 교환하는 경우
    ⑥ 국가기술자격법상 국가기술자격 검정에서의 부정행위 등을 하는 경우
    ⑦ 수험자가 위생복을 착용하지 않은 경우
    ⑧ 마네킹 또는 헤어피스를 지참하지 않은 경우
    ⑨ 미완성, 오작인 경우
    ※ 미완성: 시험시간 내에 요구사항을 완성하지 못한 경우
    ※ 오작: 완성된 작품이 도면과 상이한 경우
15. 시험응시 제외 사항
    ① 모델을 데려오지 않은 경우
16. 해당과제 0점 처리 사항
    ① 수험자 유의사항 내의 모델 부적합 조건에 해당하는 모델일 경우
    ② 헤어컬러링 작업 시 헤어피스를 2개 이상 사용할 경우
    ③ 열판이 부착된 롤브러시를 사용할 경우
17. 득점 외 별도 감점 사항
    ① 복장상태, 사전 준비상태 중 어느 하나라도 미 준비하거나 준비 작업이 미흡한 경우
    ② 헤어 퍼머넌트 와인딩의 경우 사용한 로드가 55개 미만인 경우(단, 로드 개수가 틀린 것은 오작이 아님)
    ③ 롤 세팅 작업 시 사용한 롤러 개수가 31개 미만인 경우(단, 배열된 롤러 크기가 틀린 것은 오작이 아님)

④ 필요한 기구 및 재료 등을 시험 도중에 꺼내는 경우
⑤ 백 샴푸 및 린스(헤어 트리트먼트)작업을 고객의 옆(사이드)에서 진행하는 경우
⑥ 헤어컬러링 작업 시 도포된 염모제를 세척하지 못한 경우

18. 헤어 퍼머넌트 웨이브 과제 종료 후 시험위원의 지시에 따라 로드 아웃 등 기 작업된 과제 작업분을 변형 혹은 제거해야 합니다.

	이 책을 펴내며	003
	자격시험안내	004

Part I 미용업 안전위생 관리

Chapter 01 미용사 위생 관리하기	018
Chapter 02 미용업소 위생 관리하기	024
Chapter 03 미용업 안전사고 예방하기	033

Part II 두피 스케일링 및 샴푸

Chapter 01 두피 스케일링 및 샴푸의 기초	040
Chapter 02 두피 스케일링 및 샴푸	052

Part III 헤어커트

Chapter 01 헤어커트의 기초	068
Chapter 02 헤어커트 절차 및 방법	076
Chapter 03 헤어커트의 기본형	088

 블로 드라이 및 롤 세팅

Chapter 01 블로 드라이의 기초	148
Chapter 02 블로 드라이의 기초 시술요령	159
Chapter 03 블로 드라이의 기본형	167
Chapter 04 롤 세팅의 기초 및 기초 시술요령	205
Chapter 05 레이어형 롤 세팅	216

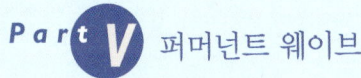 퍼머넌트 웨이브

Chapter 01 퍼머넌트 웨이브의 기초	230
Chapter 02 퍼머넌트 웨이브의 절차 및 방법	240
Chapter 03 퍼머넌트 웨이브의 기본형	247

 헤어컬러링

| Chapter 01 헤어컬러링의 기초 | 276 |
| Chapter 02 헤어컬러링 | 281 |

Part I
미용업 안전위생 관리

국가기술자격시험 미용사 일반 실기

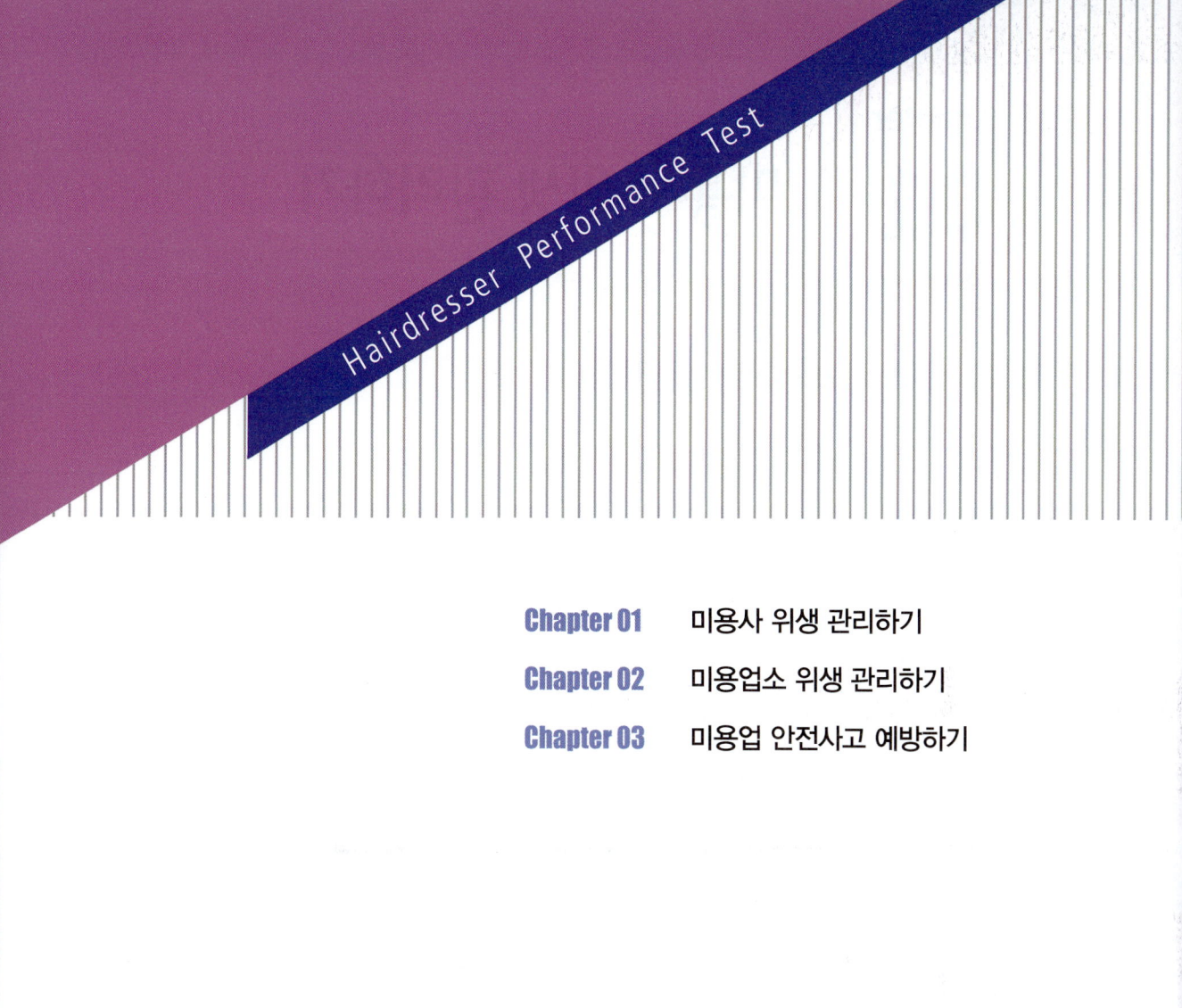

Hairdresser Performance Test

Chapter 01　미용사 위생 관리하기
Chapter 02　미용업소 위생 관리하기
Chapter 03　미용업 안전사고 예방하기

Chapter 01 미용사 위생 관리하기

01 미용사 위생 관리의 필요성

미용사는 공중위생관리법에 의해 관리되는 종사자로 위생적인 환경에서 고객의 미적 욕구를 충족시켜 주는 서비스를 제공함으로써 고객 삶의 질 향상에 크게 기여하고 있다.
일반적으로 미용사는 불특정 다수의 출입이 허용된 개방된 공간에서 고객과 가까운 거리를 유지하며, 고객 신체의 일부인 두피·모발을 중심으로 손, 피부 등에 접촉하고 대화하며 업무를 수행하므로 감염을 비롯한 질병에 노출되어 있다.
따라서 공중위생의 유지 및 국민 건강 증진에 기여하는 관점에서 미용 업무를 면허 취득자로 제한을 두고 있으며, 면허를 취득한 후에도 지속적으로 미용업 종사자는 자신은 물론 고객 및 동료들의 안전과 위생을 위해 올바른 위생 관리 방법을 숙지하여 이를 생활화해야 한다.

02 미용사 손 위생 관리

미용 업무의 대부분은 고객의 모발 및 두피에 펌제, 염모제, 중화제, 샴푸제 등과 같은 약품이나 에센스, 왁스 등과 같은 스타일링 제품을 사용하며 이루어지므로 위생적인 손 관리가 필요하다. 고객의 모발, 두피 및 피부 등과의 접촉이 필수인 미용 업무 종사자가 손 관리에 소홀할 경우 트거나 갈라져 가려움을 동반한 접촉성 피부염에 노출되는 것은 물론 각종 세균과 바이러스 등의 병원균으로 인한 질병 감염의 가능성도 있다. 따라서 업무 전후, 화장실 전후, 식사 전후에는 손 씻기, 손 소독 등의 손 위생관리를 습관화할 필요가 있다.
또한 미용사 자신과 고객의 안전 및 위생을 위해 손톱은 너무 길지 않게 손질하고 청결함을 유지해야 한다. 손톱 밑에 이물질이 끼어 있거나 염모제 등의 착색으로 인해 불결함이 느껴지지 않도록 주의하며, 샴푸 및 두피 관리와 같이 고객과 신체적 접촉이 빈번한 업무

를 담당하고 있는 기간에는 고객의 두피 혹은 피부에 상처를 낼 수 있으므로 짧고 청결한 손톱을 유지한다.

(1) 손 씻기

위생적인 손 관리의 기본인 손 씻기를 게을리 할 경우 가려움증을 동반한 염증 현상으로 고통받을 수 있으므로 평상 시에 손 씻기를 습관화하며, 약제 사용 시 반드시 미용 장갑을 착용하도록 한다. 그러나 부득이하게 미용 장갑의 착용이 어려울 경우 작업 종료와 동시에 비누 등 세정제로 약제가 손에 남아 있지 않도록 깨끗하게 씻어 낸 후 위생적으로 처리된 수건을 이용하여 손에서 물기를 완전히 제거한다. 건조 후에는 보습 효과가 탁월한 핸드 로션 등을 발라 손이 거칠어지지 않도록 관리한다.

용어	정의
손 소독	소독제(소독제 비누, 알코올 세제 등)를 이용하여 미생물 수를 감소시키거나 성장을 억제하도록 하는 것
손 씻기	세정제와 물을 이용하여 손을 청결하게 하는 것
손 위생	손 소독과 손 씻기 모두 포함한 것

출처: 교육부(2017), 미용업 안전 위생 관리(LM1201010101_14v2), 한국직업능력개발원, p 3.

03 미용사 체취 및 구취 관리

미용 업무는 고객의 모발을 손질하고 두피 관리를 위해 고객과 가까운 거리를 유지하며 수행하는 경우가 대부분이다. 따라서 고객에게 언제나 청결하고 상쾌한 느낌을 주기 위해 미용사는 자신의 체취 및 구취를 위생적으로 관리하는 생활 습관이 필요하다.

(1) 체취 관리

① 땀 냄새 관리

땀샘에서 분비되는 땀은 우리 신체의 불쾌한 냄새를 유발하는 대표적인 원인 중 하나다. 땀샘은 전신에 분포한 에크린 땀샘과 겨드랑이 등 특정 부위에 분포한 아포크린 땀샘 등 두 종류가 있다. 두 땀샘 모두 무취의 땀을 분비하나 지방산과 유기물질이 함유되어 있는 아포크린 땀샘의 땀은 피지의 세균들에 의해 달걀 썩는 듯한 강한 냄새를 유발하는 지방산과 암모니아로 분해되며 심한 경우 겨드랑이 부분에 노랗게 착색하는 경우도 있다.

㉠ 청결한 위생 상태 유지

대부분 업무 시간을 미용실 내 공간을 이동하며 직무를 수행하는 미용사는 자연스럽게 땀을 많이 흘리게 된다. 따라서 하루 업무가 종료된 후에는 따뜻한 물로 머리를 감고 샤워한 후 몸에 있는 물기를 충분히 닦고 건조시킨다. 또 직무 수행 시 입었던 옷은 매일 세탁하여 청결한 상태를 유지하도록 한다.

㉡ 천연 섬유 소재의 옷 착용

미용 업무 수행 시 몸에 꽉 조이는 불편한 옷이나 폴리에스터 및 나일론과 같이 소재가 합성 섬유로만 구성된 옷을 착용하면 통풍과 땀 흡수가 어려워 피부가 숨 쉬는 것을 방해하게 된다. 그러므로 통풍이 잘되고 활동하기 편한 천연 섬유 소재의 옷으로 업무 수행 시 편안함이 물론 체취 관리에 도움이 되도록 한다.

② 발 냄새 관리

하루종일 신발을 착용한 상태에서 움직이는 미용업 종사자에게 발 냄새는 관리하기 어려운 것 중에 하나다. 특히, 발은 땀샘이 많아 땀 분비가 많은 부분으로 여름철에는 더욱 각별히 신경을 써야 한다.

㉠ 청결한 위생 상태 유지

손과 달리 업무 중에 자주 씻을 수 없는 발은 일반적으로 하루 일과를 마치고 휴식을 취하기 전에야 씻을 수 있다. 하루종일 흘린 땀은 피지·각질 등이 섞여 불쾌한 냄새의 원인이 되므로 세정제를 사용하여 깨끗하고 청결하게 관리한다.

㉡ 발 모양 및 사이즈에 맞는 편한 신발 착용

업무 중에는 통풍이 잘되고 발이 편하게 디자인된 신발을 착용하여 발에서 나는 땀의 양도 조절하고 발이 쉽게 피로해지지 않도록 신경을 쓴다.

(2) 구취 관리

미용 업무는 고객과 근접한 거리에서 대화를 나누며 이루어지므로 자신의 구취를 수시로 점검하여 고객에게 구취로 인한 불쾌감을 주지 않도록 한다. 특히, 다음과 같은 경우에는 심한 구취가 발생하므로 평상시에 주의하는 생활 습관을 지니도록 한다.

- 식후 및 흡연 직후

- 입안이 건조한 상태
- 충치 및 잇몸 질환이 있는 경우
- 마늘, 양파, 파 등 자극적인 음식물 섭취 후
- 식사 시간을 놓쳐 지나치게 허기진 상태
- 지속적으로 과도한 스트레스 및 긴장 상태
- 지나친 음주와 흡연으로 구강 조직이 건조해진 상태

① 효과적인 양치법

양치질은 하루 4회 이상, 1회 3분 정도의 시간을 할애하여 바른 방향과 적당한 압력을 사용하는 것이 기본이다. 입안 구석구석에 있는 음식물 찌꺼기를 제거하고 잇몸과 혓바닥까지 깨끗하게 닦는다. 양치 시 사용하는 치약에는 거품을 일으키는 계면활성제 성분이 함유되어 있어 이를 깨끗하게 헹구지 않으면 치아의 착색과 입안에 점막을 건조하게 만들어 세균 번식과 구취 유발의 원인이 된다. 따라서 양치 후 약 10회 이상 물 헹굼이 필요하다.

② 구취(구강 위생) 관리에 사용되는 도구

구취를 방지하기 위해 사용되는 구강 위생 도구는 칫솔, 치실, 치간 칫솔, 혀클리너 등이 있으며, 도구의 역할은 다음과 같다.

㉠ 칫솔

칫솔은 음식물 찌꺼기 및 치태를 제거하여 구강과 치아를 청결하게 하고 잇몸에 가벼운 자극을 주어 잇몸 건강을 증진하는 도구로 3~4개월마다 교체하여 사용하도록 한다.

㉡ 치실

치아 사이에 낀 치석이나 음식 찌꺼기를 제거하기 위해 사용하는 치실은 칫솔이 닿지 않는 치아의 플라크를 제거할 수 있어 충치 및 풍치 예방에 도움이 된다. 치실의 종류에는 일반 치실과 왁스 치실 그리고 보철용 치실 등이 있다.

㉢ 치간 칫솔

잇몸 질환 등으로 잇몸이 내려가 치아 사이가 벌어져 음식물이 많이 끼일 때에는 치실보다는 치간 칫솔로 치아를 관리하는 것이 좋다. 잇몸에 자극을 주지 않도록 자신의 구강 상태에 적합한 사이즈의 치간 칫솔을 선택하는 것이 중요하다.

ㄹ 혀클리너

설태는 혀를 잘 닦지 않는 사람에게 일어나는 흔한 현상으로 구취를 유발하기도 한다. 이러한 설태를 제거하는 도구인 혀 클리너는 과도하게 사용하면 미뢰를 손상시킬 수도 있으므로 주의해야 한다.

04 미용사 복장 관리

미국의 심리학자 앨버트 머레이비언 박사는 자신이 개발한 머레이비언 법칙을 통해 사람의 이미지를 형성하는 가장 중요한 요소로 용모, 표정, 태도, 행동, 자세 등에 해당하는 시각적 요소를 꼽았다. 따라서 아무리 좋은 내용의 메시지라도 시각적 호감도가 낮으면 상대방에게 그 의미나 내용이 효과적으로 전달되기 어렵다고 했다.

대표적인 대인 서비스업종이라 할 수 있는 미용업 종사자는 고객에게 신뢰와 호감가는 외모는 물론 미용과 서비스 분야에 대한 전문성을 느낄 수 있는 이미지를 연출할 필요가 있다. 이러한 이미지를 형성하기 위해 고객에게 거부감을 느끼지 않을 정도의 범위 내에서 세련된 헤어 스타일과 메이크업으로 청결하고 단정한 용모를 유지하며, 고객을 배려하는 자세와 태도는 물론 음성, 말투, 억양, 표정, 전문 용어 사용 그리고 세련된 매너가 몸에 배도록 노력해야 한다.

(1) 헤어스타일 및 메이크업

고객을 맞이하기 전 복장 및 액세서리, 헤어 스타일, 메이크업 등을 완성하여 깨끗하고 단정한 상태를 유지하도록 노력해야 한다. 미용사의 헤어 스타일은 고객이 미용사의 전문성을 판단하는 기준이 될 수도 있으므로 트렌드를 반영하는 스타일과 컬러를 유지하는 것이 중요하다.

(2) 액세서리

목걸이, 반지, 귀걸이, 팔찌 같은 액세서리는 미용 서비스 제공 시 고객 머리카락에 걸리거나 두피, 얼굴 등을 스치면서 상처를 내거나 액세서리가 부딪쳐서 나는 소리 등이 불쾌감을 줄 수 있다. 따라서 기본적으로 착용하지 않는 것을 원칙으로 하되, 착용하더라도 작업에 방해가 되는 디자인의 액세서리는 피한다.

(3) 기타

동일한 콘셉트를 마케팅으로 하는 다점포 미용업소나 프랜차이즈 미용업소는 본사에서 지정한 유니폼 및 신발 착용을 의무화하는 경우도 있으나, 어떠한 경우에도 청결하고 단정함을 유지하는 것을 원칙으로 한다.

염모제 및 펌제 도포, 중화제 도포 등과 같이 약제를 사용하는 업무 시에는 작업용 앞치마 착용으로 복장에 얼룩이 지는 것을 방지한다.

만약 작업 시 약품이 튀어 얼룩지거나 더러워졌을 때는 즉시 부분 세탁하여 항상 청결함을 유지한다.

Chapter 02 미용사 위생 관리하기

01 미용업소 환경위생

공중위생 관리 대상 업종인 미용업은 청결하고 쾌적한 실내 환경을 유지하는 것이 매우 중요하다. 업무 중 사용하는 펌제, 염·탈색제, 샴푸제 등에는 다양한 화학 물질이 함유되어 있지만 인체에 유해한 수준의 양이 아니므로 별다른 인지 없이 사용하고 있다. 그러나 장시간 밀폐된 공간에서 이러한 제품을 지속적으로 사용하면 인체에 미치는 영향을 염려하지 않을 수 없다. 따라서 업무 중에는 실내 공기를 주기적으로 환기하는 것은 물론 공기 청정기 사용 등으로 쾌적한 환경을 유지하도록 주의해야 한다.

구분	화학 물질	인체에 미치는 영향
합성(모발)염료	영구적 산화 염료(과산화수소를 산화시켜 방향족 디아민을 생성)	눈, 코 및 인후 자극
금속성(모발)염료	납을 포함하는 복합 물질, 콜타르	돌연변이 유발
탈색제	과산화수소, 과산화나트륨, 수산화암늄, 과산화황산암모늄, 과황화칼륨	피부, 눈, 코, 인후 또는 폐 자극을 유발
펌제	알코올, 브로민산염, 과산화나트륨, 붕산, 암모늄티오글라이콜레이트, 글리세롤모노티오글라이콜레이트	일부는 중추 신경에 영향(두통, 어지러움)과 눈, 코 및 인후 자극, 호흡기 문제(호흡 곤란, 기침), 피부 자극, 화상 또는 알레르기 반응 (코 막힘, 콧물, 재채기, 천식, 피부염) 유발
중화제	페나세틴	실험 발암 물질 및 돌연변이 유발 요인
샴푸와 컨디셔너	알코올, 석유 정제물, 폼알데하이드	피부염 및 천식, 헤어스프레이는 폐, 호흡기 질환

〈표〉 미용업소에서 사용하는 제품에 함유된 화학물질과 인체에 미치는 영향
출처: 한국환경보건학회(2015), 『미용실 네일숍 실내 공기 기질 실태 조사』, 환경부 p 5.

(1) 미용업소의 기온 및 습도

기온은 대기의 온도를 말하며, 습도는 공기 중에 포함된 수증기의 정도를 말한다. 덥지도 춥지도 않은 최적의 온도는 18℃ 정도이며 15.6~20℃ 정도에서 쾌적함을 느낄 수 있다. 습도는 40~70% 정도면 대체로 쾌적함을 느낄 수 있으며, 실제로 쾌적함을 주는 습도는

온도에 따라 달라지는데 15℃에서는 70% 정도, 18~20℃에서는 60%, 21~23℃에서는 50%, 24℃ 이상에서는 40%가 적당한 습도이다.

펌제 및 염모제가 활발하게 작용할 수 있는 적당한 온도는 15~25℃ 정도로 외부의 온도에 따라 냉난방기를 적절히 사용하여 항상 적당한 온도와 습도를 유지하도록 한다.

(2) 환기

환기는 실내의 오염된 공기와 실외의 깨끗한 공기를 인위적으로 교환하는 것으로 환기구 또는 창문이나 출입문 등을 개방하는 자연 환기와 송풍기나 환풍기, 후드, 공기 청정기 등을 사용하는 기계 환기(강제 환기)로 구분된다.

자연 환기는 창문이나 문을 통해 새로운 공기가 들어오고 실내의 더워진 공기는 가벼워져 위로 올라가 외부로 배출되는 원리를 이용한 환기로 실내외의 온도 차가 5℃ 이상이고 창문이 상하로 위치해 있을 때 효과가 매우 크다.

좁은 실내에서 장시간 환기를 하지 않으면 불쾌감, 현기증, 권태 및 식욕 저하를 일으킬 수 있으며 고객과 미용사의 건강을 위해 1~2시간에 한 번씩 주기적인 환기를 실시하여 쾌적한 실내 공기를 유지해야 한다.

그러나 미용업소의 구조상 출입문이나 창문을 통한 환기가 어려울 때는 환기팬이나 환기 시스템 등 적극적인 환기 설비를 갖추도록 한다.

02 미용업소 위생 관리

미용업소의 청결 상태와 사용하는 도구의 위생 수준 및 종사자의 위생에 대한 인식 정도는 미용업 유지에 필수적인 요소이며, 미용업소가 제공하는 서비스 품질에도 영향을 미치는 요소이다. 미용업소를 항상 청결하고 깨끗한 상태로 유지하기 위해서 공간별, 기기 및 도구별, 청소 및 소독 방법별, 시기별, 주기별 등 업소 상황에 맞게 분류하고 담당자를 정해 청소 점검표를 준비하여 관리한다.

(1) 공간별 위생 관리

미용업소는 크기나 규모에 따라 차이가 있으나 안내데스크, 고객 대기 공간, 커트 · 펌 ·

Part I 미용업 안전위생 관리

컬러 등 미용 서비스 공간, 고객 소지품 보관 공간(라커룸 등), 샴푸 공간, 제품 진열 공간, 제품 보관 공간, 두피·모발 관리, 업무 준비 공간, 음료 및 다과 준비 공간, 직원 휴게 공간, 화장실 등 다양한 기능의 공간으로 구성되어 있다.

이렇게 다양한 기능의 공간은 크게 고객이 서비스받는 공간과 고객에게 서비스를 제공하기 위해 준비하는 공간으로 구분할 수 있다. 고객이 서비스받는 공간은 항상 청결함을 유지할 수 있도록 철저한 위생 관리가 요구되며, 직원들만 출입할 수 있는 준비 공간은 쓰레기 분리수거함, 청소 도구, 세탁물 등을 보관하고 있어 수시로 청소와 주기적인 소독이 필요한 공간이다. 서비스 공간별 위생 관리는 아래의 표를 참고한다.

구분		정리 정돈	청소			소독
			수시	매일	주1회	
서비스 제공 공간	안내데스크, 대기실, 작업실	O	O	O		
	샴푸실, 두피 모발 관리실	O	O			O
서비스 준비 공간	제품 보관실	O			O	
	탕비실, 작업 준비실	O	O	O		O
	직원 휴게실	O	O	O		
화장실		O		O		O

〈표〉 미용업소 공간별 위생 관리법

(2) 방법 및 시기별 위생 관리

청소와 소독은 위생 관리의 대표적인 방법이며, 장소와 대상물에 따라 적합한 청소 도구 및 제품을 선택하여, 정리 정돈, 먼지 떨기, 쓸기, 닦기, 소독하기 등의 다양한 방법으로 할 수 있다. 청결한 상태를 유지하기 위해서 일반적으로 미용업소에서는 아래의 표와 같이 매일 영업 시작 전, 영업 중, 영업 종료 후 그리고 미용업소 환경에 따라 주 1회 또는 월 1회 정기적으로 하는 청소와 매시간 수시로 청결한 상태를 유지하기 위한 정리 정돈 및 점검 등으로 나누어 실시하고 있으며, 특정한 이벤트 등 상황에 따라 실시하는 대청소 등도 기간을 정하여 실시하고 있다.

미용업소의 청결한 환경을 유지하기 위해 종사자 모두가 청결하고 위생적인 환경을 유지하는 습관을 익혀 고객이 언제나 쾌적한 환경에서 서비스받을 수 있도록 한다.

구분	시기	내용
점검	매일	청소 상태, 제품 진열 상태, 고객에게 제공하는 서비스 음료 및 잡지 등의 청결상태, 탕비실, 샴푸실의 냉온수 상태, 수건 및 가운의 수량 및 위생 상태, 자외선 소독기 점검 등
	월 1회	환풍기, 유리창
	연 1회	간판, 조명, 냉난방기 등 전반적인 환경 상태 등
청소	매일	영업 전 청소, 시술 직후 청소, 영업 마무리 청소 등
	주 1회	안내 데스크, 직원 휴게실, 탕비실(매일 청소도 진행하고 주 1회 대청소와 같은 청소 실시)
	월 1회	바닥 청소, 천장의 구석 등 청소, 벽 및 계단 청소 등
소독	사용 직후	빗, 컵, 브러시 등

〈표〉 미용업소 청소 및 점검 시기

03 미용업소 폐기물

폐기물은 폐기물관리법 제2조에 의해 생활 폐기물, 사업장 폐기물, 지정 폐기물, 의료 폐기물로 분류되며, 미용업소에서 배출되는 폐기물은 생활 폐기물에 해당한다. 생활 폐기물은 일반폐기물, 음식물 쓰레기, 재활용품 폐기물 등으로 구분되며 폐기물별 배출법은 아래 표를 참고한다.

구분	사용 봉투	배출 폐기물과 배출 방법
일반 쓰레기	백색 종량제 봉투	가정에서 발생하는 생활 쓰레기, 흰색 종량제 봉투 사용
생활 특수 쓰레기	황색 종량제 봉투 백색 마대 봉투	가연성(옷, 인형, 장난감, 목재 등): 황색 종량제 봉투 사용
		불연성(깨진 유리, 도자기, 화분 등): 백색 마대 봉투 사용
음식물 쓰레기	녹색 종량제 봉투	물기를 짜서 종량제 봉투 사용(2L용이 가장 일반적)
재활용 쓰레기	일반 투명 봉투 (재활용)	공동 주택: 각 아파트 단지별로 재활용품 분리수거일에 배출
		그 외 주택(단독, 상가 등): 평일 야간에 생활 쓰레기 배출 장소에 내부가 보이는 일반 투명 봉투에 담거나, 끈으로 묶어서 배출

〈표〉 생활 쓰레기 배출 및 수거 방법

(1) 미용업소 쓰레기 분리배출

미용업소에서 주로 배출되는 쓰레기는 머리카락, 펌제 및 염모제 사용 용기, 미용 잡지와 같은 종이, 음식물 쓰레기, 접객용 음료수 용기 등이 있다.

이들 쓰레기는 종류별로 재활용 분리수거함에 분리하여 배출하거나 종량제 봉투를 사용하여 머리카락, 염모제 용기, 휴지 등 일반 쓰레기로 배출한다.

특히, 재활용 분리수거는 아래의 표를 참고하여 분리하고 배출한다.

구분	종류	배출 방법
종이	신문	• 물기에 젖지 않도록 하고 반듯하게 펴서 차곡차곡 쌓은 후 묶어서 배출 • 다른 재질류(비닐 등)나 기타 오물이 섞이지 않도록 하여 배출
	책자 · 노트	• 다른 재질 부분(플라스틱 표지, 스프링 등)은 가급적 제거하여 배출
	상자류	• 상자에 붙어 있는 테이프, 철 핀, 택배 영수증 등 이물질 제거 후 압착하여 배출
종이 팩	우유 팩	• 내용물을 비우고 물로 헹굼. • 종이 팩을 펴서 말리거나 압착하여 배출 • 빨대, 비닐 등 다른 재질 부분은 제거하여 배출 • 일반 폐지와 혼합하여 배출하지 않도록 주의하여 배출
	종이컵	• 내용물을 비우고 물로 한 번 헹군 후 압착하여 봉투에 넣거나 한데 묶어 배출
금속 캔	알루미늄 캔	• 내용물을 비우고 가능한 압착하여 배출
	부탄가스 살충제 용기	• 구멍을 뚫어 내용물을 비운 후 배출
유리병	유리병	• 내용물을 비우고 담배꽁초 등 쓰레기와 같은 이물질을 넣지 않고 배출
플라스틱	페트병	• 내용물을 비우고 부착된 상표 및 라벨 등은 제거하여 압착 후 배출
	플라스틱 용기	• 다른 재질을 제거한 후 배출
비닐	비닐 봉투	• 커피믹스 봉투, 라면 봉투 등 비닐은 내용물을 비우고 다른 재질로 된 부분을 제거 후 배출

〈표〉 재활용 쓰레기 분류 및 배출 방법

이렇게 분리되어 배출된 폐기물은 재활용을 통해 다시 자원으로 탄생하며, 이를 위해서는 분리배출의 기본 4대 원칙(비운다 – 헹군다 – 분리한다 – 섞지 않는다)을 철저하게 지켜 배출한다.

04 미용업소 도구 및 기기 관리

(1) 미용업소 수건 및 가운

① 미용업소 수건

미용업소에서 많이 사용하는 물건 중 하나가 수건이다. 수건은 샴푸 시 어깨에 걸쳐 고객의 옷이 젖는 것을 방지하고, 샴푸 후에는 젖은 모발의 물기를 닦고 두상을 감싸 모발의 물기가 얼굴이나 옷에 떨어지는 것을 방지하며, 펌제 및 염모제로부터 고객의 피부와 옷을 보호하는 등 매우 다양한 용도로 사용되고 있다.

수건은 고객의 모발, 피부 등 신체에 직접 닿는 물건이므로 세탁 및 건조에서 보관에 이르기까지 각별히 주의를 기울여야 한다. 한 번 사용한 수건은 반드시 세탁하고 불쾌한 냄새가 나지 않도록 건조와 보관에 주의해야 하며, 특히 위생적인 면에 신경을 써야 한다.

수건을 선택할 때에는 수분 흡수가 빠르고 먼지가 많이 나지 않으며 쉽게 건조되어야 하므로 35cm×75cm 정도의 크기에 70~90g 정도의 무게의 수건이 적당하다.

㉠ 다양한 용도로 사용되는 수건

한 종류의 수건으로 다양한 용도에 사용하여도 무방하나 용도별로 준비하여 사용하고 세탁도 따로 하는 것이 위생적이다.
- 샴푸 후 젖은 모발에 수분을 흡수하는 용도
- 샴푸 후 젖은 모발을 감싸는 용도
- 샴푸 후 목, 얼굴 주변의 물기를 닦아 내는 온수건 용도
- 샴푸, 펌, 컬러 등 각종 작업 시 어깨에 걸치는 용도
- 손을 씻거나 땀을 흘린 고객에게 사용을 권하는 경우

㉡ 수건 세탁

미용업소에서 사용하는 수건은 머리카락과 약품이 묻어 있는 경우가 대부분으로 반드시 일반 세탁물과 분리하여 세탁해야 한다. 세탁 시에는 세탁기의 적정량을 준수하여야 수건이 쉽게 상하는 것을 막을 수 있다. 세제는 적당량을 사용해야 하며 충분히 헹구지 않으면 약알칼리성인 세제가 수건에 남아 손상이 빨리 될 수 있다. 이럴 경우 중화 작용하는 약산성 섬유 유연제를 사용하면 수건을 보호하고 냄새도 잡을 수 있지만 빠른 흡수 기능을 요구하는 미용업소에서 사용하는 수건에는 사용

하지 않는 것이 좋다. 이는 섬유 유연제에 함유된 정전기 방지 기능의 대전 방지제 성분이 수건 표면에 미세하게 코팅되어 수분을 흡수하는 기능을 감소시키기 때문이다.

② 미용업소 가운

미용업소에서는 다양한 종류의 가운을 비치하고 미용 서비스 제공 시 머리카락과 화학 제품으로부터 고객의 피부와 옷을 보호하는 용도로 사용한다.

특히, 펌제 및 염모제와 같은 화학 제품은 소량이라도 고객의 옷에 묻으면 변색하여 변상의 책임을 지는 것은 물론이고 고객에게 부주의한 태도로 업무에 임하고 있다는 오해를 받을 수 있으므로 반드시 용도에 맞는 가운을 착용해야 한다.

㉠ 가운의 종류

서비스 종류별로 고객에게 착용시키는 가운의 종류도 다르다. 커트 고객은 머리카락이 고객의 몸 안에 들어가거나 옷에 묻는 것을 방지하기 위해 전신을 감쌀 수 있는 모양의 가운을 사용하되 정전기 방지 및 발수 코팅이 되어 있으며 통풍이 잘되는 소재를 선택하는 것이 좋다.

- 고객 가운 : 펌, 컬러 등 미용업소에 장시간 머무는 고객에게 사용하며, 업소에 따라 계절별로 준비하거나 일회용 사용으로 고객에게 서비스한다.
- 커트 보 : 헤어 커트 시 사용하며, 정전기 방지 및 코팅이 되어 있는 소재로 선택한다.
- 염색 보 : 헤어 컬러 시 사용하는 것으로, 길이가 길고 소재는 방수 코팅이 되었거나 레자 등과 같이 수분이나 약제가 흡수되지 않아 고객의 옷을 안전하게 보호할 수 있다.
- 어깨 보 : 블로 드라이, 아이론 등과 같이 스타일링 시 사용하며 나일론 등과 같이 가벼운 소재로 되어 있고 미용업소에서 가장 많이 활용한다.
- 샴푸 · 펌 · 컬러 보 : 비교적 얇고 부드러운 비닐 재질로 되어 있어 샴푸, 코팅, 펌, 컬러 등 다양하게 사용하고 있다.
- 펌 · 컬러 보 : 겉면은 레자로 되어 있고 안쪽 면은 얇은 천으로 되어 있어 수분이나 약제가 흡수되지 않지만 길이가 짧아 긴 머리 고객에게 사용할 때에는 주의해야 한다.

㉡ 가운 세탁

가운의 소재는 크게 두 종류로 세탁이 가능한 소재와 겉 표면을 물수건과 마른수건으로 닦아 내기만 하는 레자, 비닐 등의 소재로 되어 있다. 세탁이 가능한 소재는 폴리에스터와 나일론이 합성되어 있는 합성 소재가 대부분이므로 가운의 소재가 무엇으로 구성되었는지 확인한 후 세탁한다.

(2) 미용업소 식음료 서비스

대부분의 미용업소에서는 방문한 모든 고객을 대상으로 음료 및 간단한 스낵을 제공한다. 이때 제공하는 음료 및 스낵의 유통 기한은 물론 청결한 위생
상태를 유지하기 위해 수시로 점검하고 정기적으로 소독해야 한다.

(3) 미용업소 시설 및 설비 관리

미용업소에는 전기, 상하수도, 조명, 온수기, 간판 및 현수막, 환풍기, 냉난방기, 소화기 등과 같은 각종 시설과 설비가 갖추어져 있다. 이들 여러 설비와 설비는 미용업소 종업원과 고객의 안전과 위생에 직결되므로 정기적인 점검을 통해 철저히 관리해야 한다.

(4) 미용업소 도구 및 기기 관리

① 미용업소 도구 관리

도구란 어떤 일을 할 때 사용하는 소규모 장치로 미용 도구의 종류로는 가위, 빗, 핀셋, 브러시, 펌 롯드, 핀 등이다. 미용 시술 중 고객의 머리카락이나 두피에 직접 닿았던 도구는 세균 감염의 우려가 있으므로 사용 후 각각 도구의 재질에 맞게 소독하여 정해 놓은 위치에 보관한다.

② 미용 도구의 살균과 소독 방법

미용 업무의 대부분은 미용사가 자신의 손과 미용 기기 및 도구, 전문 제품 등을 이용하여 고객의 모발과 두피에 행해지므로 미용사와 고객의 위생을 위해 도구 사용 후 철저한 살균과 소독을 필요로 한다.

㉠ 물리적 방법
- 습열 : 100℃ 물에 20분간 끓여 살균하는 방법
- 건열 : 수건, 거즈, 면직물 등을 살균에 사용하는 방법
- 자외선 : 전기 위생기의 자외선은 미용업소에서 위생 처리된 기구들을 위생적으로 보관하는 데 사용

ⓛ 화학적 방법

결과를 가장 확실하게 기대할 수 있는 살균 소독 방법으로 많은 미용업소에서 박테리아 제거 및 번식 방지용으로 사용하고 있다. 일부 화학제는 농도에 따라 살균제와 소독제로 분류되며, 높은 농도의 화학제는 살균제로 사용되며 강한 소독력이 있으나 부작용이 심해 사용 시 주의해야 하며, 낮은 농도의 화학제는 안전성이 높아 일반 소독약으로 사용된다. 좋은 소독약의 조건은 다음과 같다.

- 인체에 무해해야 한다.
- 구입이 용이해야 한다.
- 피부에 자극이나 손상이 없어야 한다.
- 냄새가 없어야 한다.
- 구입 가격이 경제적이어야 한다.

소독 대상	소독법
수건, 가운, 의류 등	일광 소독
식기류	자비 소독, 증기 멸균법
가위, 인조 가죽 류	알코올 소독 → 자외선 소독기 소독
브러시, 빗 종류	먼지 제거 → 중성 세제 세척 → 자외선 소독기 소독
나무류	알코올 소독 → 자외선 소독기 소독
고무 제품	중성 세제 소독 → 자외선 소독기 소독

〈표〉 소독 대상별 소독법

Chapter 03 미용업 안전사고 예방하기

01 미용업소 전기 안전 지식

미용업소는 전기 사용량이 매우 많은 업종이므로 평소에도 전기에 대한 주의 사항을 정확하게 숙지하여 안전사고가 발생하지 않도록 수시로 점검해야 한다. 특히 헤어스타일의 완성도를 높이기 위해 사용하는 헤어드라이어, 마샬기, 매직기, 아이론기, 가온기, 미스트기, 디지털 세팅기 등과 같은 기기를 사용할 때는 젖은 손으로 만지거나 콘센트 하나에 플러그를 여러 개 꽂아 과부하로 인한 화재 등 안전사고가 발생하지 않도록 주의한다.

(1) 합선 및 누전 예방

미용업소에서 사용하는 전기 기기는 용량에 적합한 기기를 사용하며, 피복이 벗겨지지 않았는지 수시로 확인한다. 천장 등 보이지 않는 장소에 설치된 전선도 정기 점검을 통하여 이상 유무를 확인하며, 회로별 누전 차단기를 설치한다.

미용업소 바닥이나 문틀을 지나는 전선이 손상되지 않도록 보호관을 설치하고 열이나 외부 충격 등에 노출되지 않도록 한다.

(2) 과열 및 과부하 예방

한 개의 콘센트에 문어발식으로 드라이어, 매직기, 열기구 등 여러 전기 기기의 플러그를 꽂아 사용하지 않는다. 미용 전기 기기의 전기 용량 및 전압에 적합한 규격 전선을 사용하고, 전기 기기 사용 후에는 플러그를 콘센트에서 분리해 놓는다.

(3) 감전 사고 예방

미용업 종사자들은 미용 직무의 완성도를 높이기 위해 가온기, 아이론기, 드라이어 등 다양한 미용 기기를 사용한다. 또 커트, 펌, 헤어 컬러, 클리닉 등 모든 미용 직무는 샴푸와 함께 진행되므로 물과 전기는 미용 직무에 사용 빈도수가 매우 높은 필수 요소이다. 이와 같이 물과 전기를 사용하는 직무는 감전 사고에 각별히 주의할 필요가 있으므로 다음과 같은 사항을 생활화해야 한다.
① 젖은 손으로 전기 기구를 만지지 않는다.
② 물기 있는 전기 기구는 만지지 않는다.
③ 플러그를 뽑을 때 전선을 잡아당겨 뽑지 않는다.
④ 콘센트에 이물질이 들어가지 않도록 한다.
⑤ 고장 난 전기 기구를 직접 고치지 않는다.
⑥ 전기 기기와 연결된 전선의 상태를 수시로 확인한다.
⑦ 전기 기기를 사용하기 전 고장 여부를 확인한다.

02 소방 안전 지식

미용업소는 미용사 및 직원들 이외에도 많은 고객이 수시로 왕래를 하는 곳이므로 화재 발생 시 많은 인명 피해가 생길 수 있으므로 정확하고 빠른 대처법을 익혀야 한다. 화재 시 대피 방법, 화재 신고 방법, 소화기 및 옥내 소화전 사용 방법을 확인하도록 한다.

(1) 화재 시 대피 방법

화재가 나면 가장 먼저 발견한 사람이 "불이야!"라고 큰 소리로 외쳐 다른 사람들에게 화재 발생을 알려 대피할 수 있도록 하고, 화재 경고 비상벨을 누른 후 119에 신고한다.
화재 시에는 반드시 계단을 이용하여 대피하고 엘리베이터 사용은 피한다.
대피 시에는 낮은 자세를 유지하고 물에 적신 담요나 수건 등으로 몸을 감싸며, 아래층으로 대피할 수 없을 때에는 옥상으로 대피하여 바람이 불어오는 쪽에서 구조를 기다린다.

(2) 소화기 관리 및 사용

미용업소에서 소화기를 비치할 때에는 눈에 잘 띄고 통행에 지장을 주지 않는 곳에 한다. 소화기는 온도가 높거나 습기가 많은 곳, 직사광선을 피해 화재 시 대피를 고려하여 비상구 근처의 습기가 적고 서늘한 장소에 받침대를 사용하여 비치한다. 소화기를 화재 발생 시 적시에 사용하기 위해 정기적으로 점검하여 사용 가능 여부를 확인한다.

03 기타 안전사고 관련 지식

미용업은 다른 업종에 비하여 안전사고 발생률이 매우 낮을 뿐만 아니라 위험성 역시 높지 않지만, 사소한 부주의로 인해 발생할 수 있는 안전사고는 아래의 표에서 제시한 것과 같이 매우 다양하다. 따라서 안전사고 유형을 숙지하고 사고 발생을 사전에 방지하기 위한 행동 요령을 습관화하여 안전사고를 최소화하려는 노력을 한다.

구분	원인	유형	방지행동
도구 사용	• 가위 및 레이저 사용 미숙, 부주의 • 가위 등 나쁜 자세	창상	• 가위 및 레이저 사용법 숙지, 사용법 훈련
		어깨, 손목 등 시림	• 가위 사용 시 바른 자세 유지
전기 기기 사용	• 아이론기 조작 미숙	화상	• 기기 사용법 숙지, 사용법 훈련
	• 드라이어 조작 미숙	감전	• 콘센트, 전선 등 젖은 손으로 만지지 않기
약제 사용	• 펌1, 2제, 염모제 등의 피부 접촉	접촉성 피부염	• 철저한 손씻기, 업무 시 미용 장갑 착용
기기 이동	• 가온기 및 미용실에서 사용하는 물품 이동	충돌	• 이동시 시야 확보, 모서리 보호대 부착
바닥	• 바닥의 물기 • 전기 기기의 노즐	미끄러짐	• 수시로 바닥 청소 및 점검 • 전기 기기 노즐 정리
사다리 사용	• 높은 곳에 물건 정리	추락	• 2인 1조로 사용 • 사다리를 안전 지대에 설치

〈표〉 미용업소에서 발생하는 안전사고 유형

미용업 안전위생 관리

04 미용업소 안전사고 대처

(1) 응급 상황과 구급약

미용업소 종사자 또는 고객에게 안전사고 등 응급 상황이 발생했을 때 상태가 심하면 119에 신고하고, 전문 구급대원이 도착할 때까지 증상이 약화되는 것을 방지하도록 증상별로 적절한 응급조치로 안정을 취하며 대기한다. 그러나 배탈, 두통 등과 같이 일시적인 증상으로 발생한 응급 상황은 업소에 비치해 놓은 구급약으로 신속하게 대처한다.

① **미용업소의 응급 상황**

전기 기기와 물을 많이 사용하는 미용업소에서는 발생 빈도는 적지만 감전, 화상 등이 발생할 수 있다. 또 높은 곳에 물건을 보관하거나 보관된 물건을 꺼내려고 사다리를 이용하다 낙상을 하거나, 헤어 커트 시 도구의 사용 부주의로 인한 창상 등 크고 작은 안전사고가 발생할 수 있다.

따라서 평소에 미용업소에서 발생할 수 있는 응급 상황과 대처 요령을 조사하여 안전사고 발생 시 신속하게 대처할 수 있도록 한다.

② **구급상자**

미용업소에는 간단한 응급조치에 사용할 수 있는 구급상자를 반드시 비치해 놓아야 한다. 구급상자는 위급 상황에 즉시 사용할 수 있도록 눈에 쉽게 잘 띄는 장소에 비치하고, 모든 직원이 사용할 수 있도록 구급약 등 내용물에 대한 사용 설명서 등도 함께 보관해야 한다.

㉠ **구급약 및 응급 물품**

구급상자의 내용물은 아래의 표와 같이 먹는 약, 바르는 약, 응급조치 시 신속하고 간단하게 사용할 수 있는 기재, 응급 처치에 필요한 의료용 물품, 소독약 등은 물론, 긴급 상황에서도 당황하지 않고 참고할 수 있도록 간단한 응급조치 자료, 비상 시 도움을 요청할 수 있는 긴급 연락처 등을 적어 놓은 메모장도 함께 준비해 놓는다.

구분	내용물
먹는 약	소화제, 진통제, 해열제, 감기약, 종합 감기약, 지사제, 제산제, 위장약, 정로환 등
바르는 약	상처용 피부연고, 항생제 연고, 암모니아수, 바셀린, 소독수, 바르는 모기약 등
응급처지 기재	체온계, 혈압계, 가위, 칼, 핀셋, 족집게, 냉찜질 팩, 핫 팩 등
의료용 물품	소독 거즈, 반창고, 일회용 반창고, 거즈 붕대, 면봉, 화상 거즈 등
소독약	과산화수소수, 알코올, 생리 식염수 등
기타 물품	돋보기, 안대, 귀마개 등
구급카드	응급조치 자료, 비상 연락망 리스트 등

〈표〉 미용업소 구급상자 내용물 리스트

출처: 제로여행(2019.07.07.). 구급약 및 응급 물품 준비하기. https://blog.naver.com/skylondon에서 2019.09.18. 검색.

Part II
두피 스케일링 및 샴푸

국가기술자격시험 미용사 일반 실기

Hairdresser Performance Test

Chapter 01 두피 스케일링 및 샴푸의 기초
Chapter 02 두피 스케일링 및 샴푸

Chapter 01 두피 스케일링 및 샴푸의 기초

01 두피 생리학

두피(Scalp)는 두발이 자라나는 피부의 한 조직으로, 두개골막에 의해 두개골의 체표피를 덮고 있는 조직이다. 매우 조밀한 신경들이 분포하여 뇌를 보호하고, 신진대사에 필요한 생화학적 기능을 영위하면서 생명유지를 하는 기관이다.

두피 스케일링은 제품을 이용하여 두피에 있는 각질이나 지성비듬, 건성비듬, 불순물 등 이물질을 제거하여 모근의 원활한 호흡작용과 혈액순환을 도와 영양공급을 할 수 있게 한다.

두피는 피부보다 더 빨리 각질이 생기기 때문에 두피는 피부(28일의 각화주기)의 거의 절반 정도의 주기를 가지고 있다. 그래서 두피에 각질이 많이 쌓이게 되므로 집에서 매일 샴푸를 한다고 해도 깨끗하게 할 수 없기 때문에 주 1회 정도 스케일링을 받는다면 건강한 두피와 두발을 가질 수 있다.

(1) 두피의 구조

두피는 신체를 덮고 있는 어떤 부분보다 모소엽과 혈관화가 풍부하다.

모구와 모유두는 동맥과 정맥으로 모세혈관계에 의하여 연결되어 있다. 그렇기 때문에 상처를 입으면 많은 피를 흘리게 된다. 두피는 매우 조밀한 신경섬유를 갖고 있어 각각의 모낭은 심층의 피부 하층부에서 솟아오른 5~12개의 신경섬유를 통해 머리카락을 매개로 감각을 느끼게 한다.

두개골막을 매개로 두개골을 둘러싸고 있는 두피는 3층으로 구성되어 있으며, 두개골막은 얇고 섬유성이 뼈에 덜 유착되어 있다(두개골의 봉합부는 제외). 외과수술이나 사고로 인해 두개골이 노출될 경우 최후의 방어층이다.

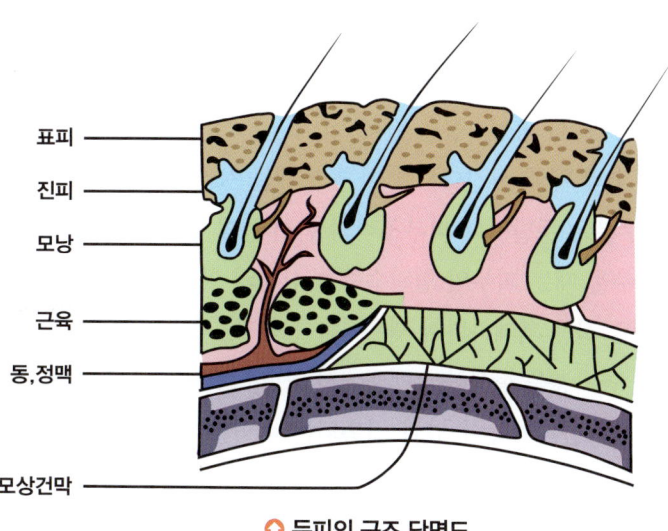

● 두피의 구조 단면도

① **외피(표피와 진피)**
  ㉠ 외피는 피부의 바깥쪽으로 매우 얇은 표피와 진피로 나눌 수 있다.
  ㉡ 피부 하층부는 진피의 심층부와 두개피하골막의 표면을 덮고 있으며, 신경섬유로 연결되어 있는 세포조직으로 구성되어 있다. 세포조직의 심층부에는 림프관과 두피의 신경분포와 혈관분포를 확실하게 하는 동맥, 정맥, 신경의 가지가 분포되어 있다.
② **두개피** : 두개골을 둘러싸고 있는 근육과 연결되어 있는 신경조직(건막)이다. 탄력성이 없으며 외피와 함께 임의의 상처로부터 두개골을 보호한다.
③ **두개피하조직** : 지방이 없으며 얇고 이완된 층으로 쉽게 갈라진다.

(2) 두피의 기능

① **보호기능** : 뇌를 중심으로 피부 근육, 뼈 조직 등을 외부의 충격으로부터 보호하고, 각종 박테리아 세균성 감염 등에 대해 뇌를 보호하는 기능을 가지고 있다.
② **흡수기능** : 피부지방과 같은 지질이나 입자가 미세한 에멀전, 다양한 약제, 화장품의 경피흡수 등 각질층, 세포간지질, 표피부속기를 경유하여 피부상태에 따라 피부 내로 흡수된다. 흡수가 잘 되는 경우는 친유성 물질일 때, 피부의 습도와 온도가 상승할 때, 피부의 pH가 약산성일 때이다.
③ **호흡기능** : 두피의 호흡기능은 인체호흡 97% 중 1~3% 정도에 해당되며, 두피의 이산화탄소 및 이물질이나 독소를 배출하여 신선한 산소를 호흡함으로써 혈색을 맑게 해주는 등 피부 신진대사 기능에 있어 중요한 역할을 한다.

④ **분비기능** : 피지선에서는 피지를, 한선에서는 땀을 분비하여 피지막을 형성한다. 두피에서 생성된 피지막은 두피 세균감염에 대한 방어능력과 살균능력, 보호기능, 윤기부여, 중화작용, 비타민 D 생성기능을 한다.

⑤ **배설기능** : 이물질 및 체내 신진대사에 따른 노폐물은 신장, 항문, 폐 등을 통해 체외로 배출되나 그 일부분은 두발이나 피부조직의 한선 등을 통해 체외로 배출된다.

⑥ **체온조절기능** : 추울 때는 피부의 혈관수축성 신경의 활동이 증가하여 피부혈관을 수축시킴으로써 열의 발산을 억제하면서 체온저하를 막고, 자율신경의 지배를 받는 입모근이 수축되어 표피에 공기층을 형성하여 체내에서 열 발산을 줄임으로써 체온조절을 돕는다.

⑦ **감각전달기능** : 지각감각기능이 있어 접촉되는 점막에서 냉·온·통각 등의 감각을 느낄 수 있으며, 이러한 기능은 신체 방어기능으로서 신경말단인 감각소체에 의해 외부의 자극으로부터 전해지는 감각을 감지한다.

⑧ **저장기능** : 피하지방조직은 영양소 저장 및 신진대사의 기능을 가졌으며, 에너지원인 지방을 저장한다. 피부에 도포한 약제 또는 유용성 물질은 각질층에 저장된 후 서서히 흡수된다. 수분저장의 능력을 가지고 있다.

(3) 피부구조 및 기능

1) 피부의 구조

피부는 표피, 진피, 피하조직의 3층으로 이루어져 있다.

① **표피** : 표피는 피부의 가장 윗부분으로, 세포의 생성과 각화과정으로 인해 5개의 세포층으로 이루어져 있다. 기저층에서 생성된 세포들은 염색체를 갖게 되며, 각질층으로 상승하면서 핵을 잃게 되고 표피로부터 탈락하게 된다.

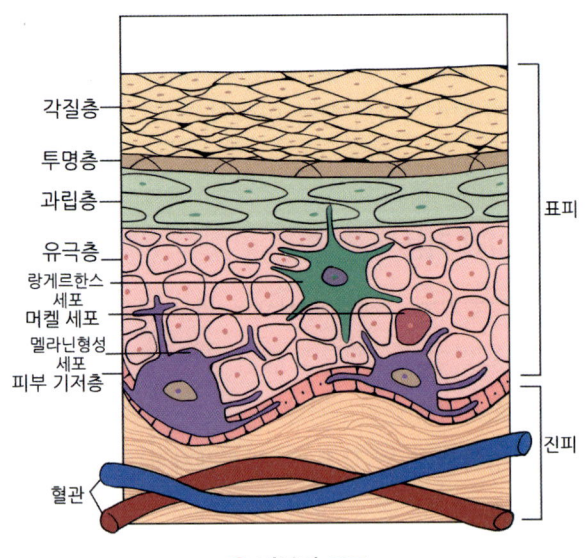

○ **피부의 구조**

㉠ **각질층** : 죽은 세포들이 케라틴화된 층으로, 피부 산성막이 세균침투를 막아준다.
㉡ **투명층** : 죽은 투명한 세포들로 이루어져 있다.
㉢ **과립층** : 세포핵이 붕괴된다. 딱딱하고 납작해지고 각화되기 시작한다.

ㄹ **유극층** : 5~10겹의 유핵세포를 가지고 있다.
ㅁ **기저층** : 1겹의 유핵세포로 구성되어 있으며, 모세혈관으로부터 영양을 받아 세포분열하면서 세포를 생성하고 멜라노사이트를 가지고 있다.
② **진피** : 진피는 표피와 피하지방 사이에 존재한다. 콜라겐섬유와 엘라스틴섬유가 그물 모양을 이루어 신축성과 탄력성이 있는 결체조직으로, 내부를 보호한다. 모든 혈관계, 신경계, 림프계 등이 들어 있는 곳이다.
㉠ **피지선** : 피지선은 머리카락마다 부속되어 있으며, 한선보다 두피에 가깝게 존재한다. 두발의 상피막에 꽃송이 모양으로 연결되어 있으며, 배설관을 갖고 산성의 지방성 물질을 분비한다.
㉡ **한선** : 피부와 모낭에 땀을 분비하며, 피부표면의 독소제거와 체온조절의 기능을 한다. 인체에는 약 2백만 개 이상의 한선이 분포되어 있다. 2종류의 에크린선과 아포크린선이 있다.
㉢ 모근, 신경섬유, 혈관계, 림프계 등이 존재한다.
③ **피하조직** : 진피는 섬유성 단백질이 넓게 교차결합되어 형성된 방상조직으로, 인체의 양분을 저장하는 기능이 있고, 피하지방을 생산하여 보온, 수분조절, 탄력성과 완충작용을 담당한다.

2) 피부의 기능

① **보호기능** : 외부의 자극으로부터 내부를 보호한다.
② **호흡기능** : 땀구멍을 통해 산소를 흡입하고 이산화탄소를 방출한다.
③ **저장기능** : 영양공급 중단 시 피하조직에 저장된 지방을 사용하여 영양공급을 계속할 수 있다.
④ **감각기능** : 신경섬유 역할로, 감각과 기온의 변화를 느낄 수 있다.
⑤ **분비기능** : 한선과 피지선을 매개체로 땀과 피지를 분비한다.

(4) 두피의 종류와 특징과 원인

두피는 크게 정상 두피, 건성 두피, 지성 두피, 민감성 두피, 비듬성 두피, 탈모성 두피로 나눌 수 있다.
① **정상 두피** : 정상 두피의 색상은 맑은 청백색을 띠며, 하나의 모공에서 2~3개씩 두발이 군집되어 있기도 하다. 또한, 모공 주위가 깨끗하며, 오목하게 들어가 있다.

② **건성 두피** : 건성 두피는 각화된 표피가 표면에 각질로 쌓여 모공이 막히는 경우가 많다. 지질도 결여되어 두발은 건조해지고 부스러진다.
  ㉠ 외인성 요인으로 가려움증, 난방에 의한 건조한 공기, 샴푸의 적합하지 않은 사용이 두피 손상을 일으킨다.
  ㉡ 내인성 요인으로 유전적 요인과 스트레스, 비타민 부족, 피지선과 한선의 기능저하로 산성막이 파손되어 건선이 따른다.
③ **지성 두피** : 지성 두피는 과다한 피지로 두피 전체에 피지와 응고물이 두텁게 모공을 막고 있는 두피를 말한다. 원인은 남성호르몬, 유전, 사고, 쇼크, 병리, 과다한 마사지, 강한 세척, 두발제품의 중독 등이다. 지성 비듬, 두피의 각화증, 탈모, 가려움증을 낳게 된다. 피지에 의한 지성 두피는 지방질의 성향으로 외층이 유연하고 부드러우며 민감하다.
④ **민감성 두피** : 민감성 두피는 가는 모세혈관이 확장되어 외부의 약한 자극에도 금방 붉어지거나 민감하게 반응하는데 심한 경우 세균감염으로 인해 염증이 생겨 지루성 두피로 발전할 수 있다. 화학적 시술 시 심한 자극을 느낀다. 원인은 스트레스, 피로, 선천적인 요인, 건성 피부를 오래두었을 때, 신체적 리듬이나 균형이 깨졌을 때, 잦은 펌, 염색, 탈색 등이다.
⑤ **비듬성 두피** : 비듬성 두피는 피지선의 기능과다 또는 기능저하로 두피의 불균형과 함께 비정상적인 주기에 의해 생기고 비듬이 과도하게 생성되면 습해지면서 염증을 일으킨다. 비듬균, 남성호르몬 불균형, 유전적인 요인, 스트레스, 잘못된 식습관, 불규칙한 생활습관, 헤어제품의 잘못된 사용 등이 원인이 되기도 한다.
⑥ **탈모성 두피** : 탈모성 두피는 피지가 과도하게 분비되면서 두피의 혈액순환 장애로 비듬과 가려움을 동반한다. 남성호르몬의 과다분비, 모세혈관의 위축, 불충분한 영양공급, 정신적 스트레스, 유전적 요인, 환경오염, 고열을 동반한 감염이 원인이 될 수 있다.

02 모발 생리학

모발의 색, 인종, 굵기에 따라 다양하게 구분할 수 있다. 개인이 갖고 있는 모발의 수는 약 만 개 정도이다. 금발은 갈색모보다 가늘고 숱이 더 많다. 여성이 남성보다 많은 모발의 수를 가지고 있다. 모발은 하루에 약 0.4mm씩 자라며, 한 달이면 1~1.5cm가 자란다. 보통 모발의 수명은 2~6년이라고 본다.

(1) 모발의 구조와 생성

모근에서 모낭이 형성되는 생성기간은 2~5개월이다. 모모태 또는 배아층이 있는 모낭하부의 모유두 부근에서 모발이 형성되는 세포들은 유사분열에 의해 증식한다. 또한 세포분열과 모구의 발달에 필요한 양분을 모세혈관으로부터 영양을 공급받는 모유두에서 가져오게 된다. 세포증식의 세포로 생성되어 자라다가 모간으로 밀려나오면서 서서히 탈수현상을 겪으며 수분이 빠지고 각화되어 단단해진다.

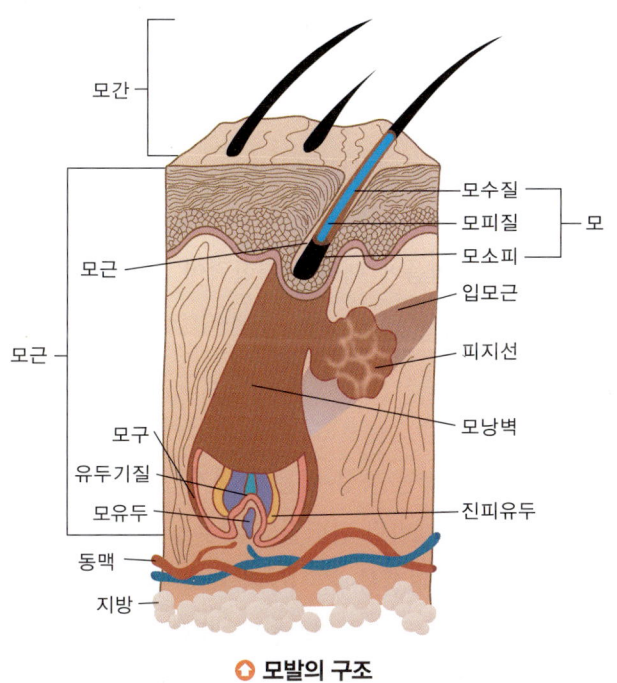

◎ 모발의 구조

(2) 모발의 성장주기 및 구성성분

1) 모발의 성장주기

모발은 성장단계 연속 3단계를 반복한다. 모낭의 활동단계를 아나겐(Anagen)이라 하고, 계속되는 짧은 기간 동안의 과도기적 활동단계를 카타겐(Catagen)이라 한다. 휴지기 단계는 텔로겐(Telogen)이라고 한다.

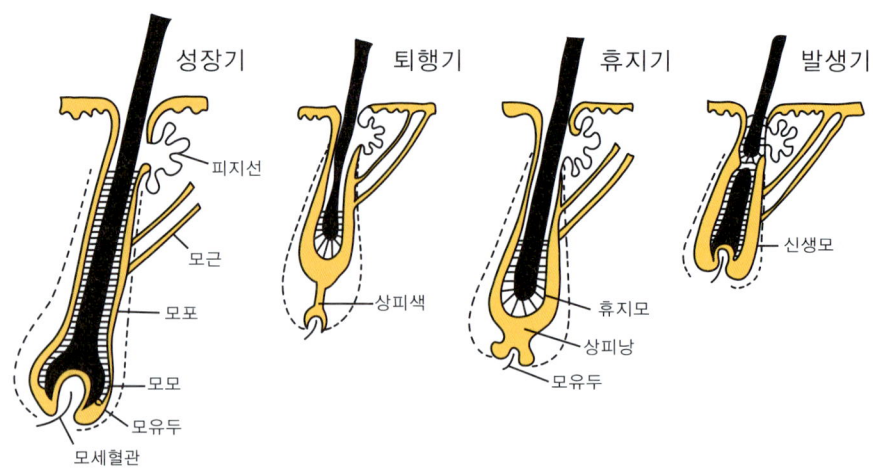

🔶 모발의 성장주기

2) 모발의 구성성분

모발은 대부분이 케라틴이라는 단백질로 구성되어 있으며(80~90%), 멜라닌 색소(3% 이하), 지질(1~8%), 수분(10~15%), 미량원소(0.6~1.0%)로 구성되어 있다. 케라틴은 부패되지 않으며, 여러 가지 화학약품에 대하여 저항력이 있다. 또한, 물리적인 강도도 강하고 탄력성이 있다.

(3) 모발의 물리적인 특성

모발은 케라틴 단백질의 구조적인 특성 때문에 생기는 현상으로 습도의 영향을 받는다. 모발이 수분을 흡수하는 것은 케라틴 단백질의 친수성 때문이고, 건강한 모발은 샴푸 직후 30% 정도 수분을 함유하며 평상시에는 10~15%의 수분을 함유한다. 단백질이기 때문에 높은 열이나 빛에 의해 색과 구조가 변화한다. 또한 세팅 퍼머넌트 원리에서 알 수 있듯이 모발에 직접적인 파상을 주어도 주어진 형태를 보존할 수 있다.

(4) 모발의 병리현상

① **원인** : 물리적, 자연적, 화학적, 병인 등
② **모발색의 병리현상** : 백모증, 백색증, 적발증, 고색소증, 과염색증
③ **모발 구조의 병리현상** : 백륜모, 열전모, 다모증, 비후증, 모발 종렬증, 열모증, 결절성 열모증, 모발 발거증, 연주모증, 모발 빈혈, 건조모, 모발 발육부전, 무모증 등

03 헤어샴푸(Shampoo)

두피와 두발은 매일 환경오염, 세균, 스타일링 제품, 땀과 피지에 의해서 불순물이 쌓이기 때문에 두피와 두발을 깨끗하게 하지 않으면 비듬과 탈모가 생기고 각종 질병을 유발시킬 수 있다. 샴푸는 물리적, 화학적 복합작용으로 두발과 두피를 건강하게 해준다. 사람마다 두피와 두발의 상태에 따라 적절한 샴푸제와 샴푸의 횟수를 선택해야 한다.

◐ 샴푸시술

(1) 샴푸의 기능

샴푸의 기능은 두피와 두발을 세정하고 청결히 하는 데 있다. 두발에 존재하는 노폐물은 체내분비물, 두발화장품, 대기오염 등에 의해 쌓인 것으로, 특히 유기성 노폐물을 씻어내는 것이 중요하다. 유연성분은 물과 대립하는 성질을 가지므로 쉽게 제거되지 않고 샴푸제에 함유되어 있는 계면활성제에 의해서 제거된다.

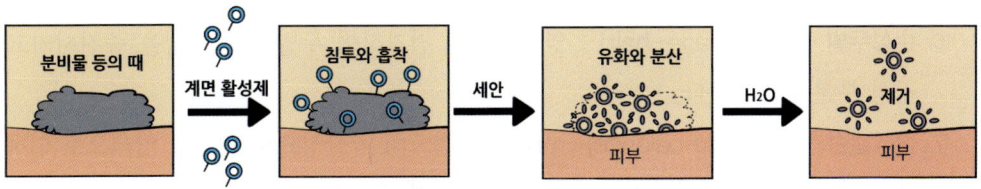

◐ 계면활성제의 역할

> **체크 Point**
>
> **＊계면활성제(Surfactant)**
> 유화, 분산, 가용화 등의 작용을 통해 유성 노폐물을 제거한다.

종류	역할
음이온성 계면활성제 (Anionic surfactant)	• 기포력, 세정력이 우수하여 비누, 클렌징폼과 샴푸에 많이 쓰인다.
양이온성 계면활성제 (Cationic surfactant)	• 살균, 소독작용이 크며, 대전방지효과가 높아서 린스제, 트리트먼트제에 많이 사용된다.
양쪽성 계면활성제 (Amphoteric surfactant)	• 세정력이 우수하고 자극이 적어서 안전성이 높다. • 유아용 샴푸나 저자극성 샴푸에 많이 쓰인다. • 음이온성 계면활성제와 같이 쓰면 음이온성 계면활성제의 자극을 완화시키므로 최근에는 병행하여 많이 사용된다. 또한 대전방지효과와 방취효과도 있어서 린스제와 트리트먼트제에도 사용된다.
비이온성 계면활성제 (Nonionic surfactant)	• 고급 알코올이나 에칠렌옥사이드와 결합시켜 친수성에서 친유성까지 많은 종류의 계면활성제를 만들어 사용한다. 세정, 유화, 습윤효과가 있어서 클렌징크림의 세정제, 헤어크림이나 트리트먼트제 같은 크림의 유화제로 사용된다.

(2) 샴푸의 종류

① **지성두발 샴푸(Oily hair)** : 과도한 피지분비를 조절하여 두피의 지성화를 완화시킨다.

② **건성두발 샴푸(Dry hair)** : 건조하고 푸석푸석한 두발에 수분과 영양을 공급한다.

③ **비듬방지 샴푸(Anti-dandruff)** : 노화된 각질과 비듬을 제거하고 항균·항염효과가 있다.

④ **탈모방지 샴푸(Anti-hair loss)** : 탈모의 원인이 되는 혈액순환장애, 피지의 과다, 영양부족의 문제점을 해결해주는 기능을 가지고 있다.

⑤ **염색두발 샴푸(Colored hair)** : 염색한 두발은 자외선과 여러 가지 요소에 의해 산화되어 퇴색된다. 그러므로 퇴색을 방지하고 두발의 색상을 유지시켜주며 두발을 보호한다.

⑥ **손상두발 샴푸(Damage-hair)** : 영양성분을 첨가하여 두발의 탄력성을 증진시키고 다공성 부분을 채워준다.

⑦ **산성밸런스 샴푸(Acid balance)** : pH 5~6 정도의 약산성으로 펌이나 염색으로 인해 팽윤된 두발을 다시 단단하게 수축시켜 손상을 방지한다.

⑧ **펌두발 샴푸(Permanent hair)** : 컬의 탄력 유지 및 강화를 목적으로 사용되며 파마 시 손실된 영양성분과 조직을 보충해준다.

⑨ **컬러 샴푸(Color)** : 샴푸에 인공색소를 함유시킨 것으로, 샴푸로 인해 두발의 모표피가 열릴 때 두발 자체에는 아무런 영향을 주지 않고 일시적으로 색소를 흡착시키는 원리를 이용하여 사용된다.

⑩ **샴푸, 린스 겸용 샴푸** : 린스제로 배합한다. 일반적으로 음이온 계면활성제를 주세정제로 하는 샴푸는 양이온성 계면활성제로 이루어진 린스와 배합할 경우 양이온과 음이온이 결합하여 석출현상을 보이며 음이온성 계면활성제의 세정효과를 저하시켜 샴푸 후의 청량감을 떨어뜨린다.

또한 린스의 양이온 계면활양쪽성 계면활성제를 주세정제로 사용하는 샴푸는 음양이온성 계면활성제로 계면활성제의 효과도 샴푸 헹굼 시 다량 씻겨 나가 컨디셔닝 효과도 떨어진다.

(3) 샴푸 시술할 때 사용하는 테크닉

샴푸 시 두피 및 두발의 더러움을 씻어내어 항상 청결을 유지시키고 혈액순환을 촉진하며 피지를 제거하기 위해 근육, 신경, 피부, 경락, 경혈을 자극하여 스캘프 매니플레이션을 병용한다.

① **경찰법** : 손바닥이나 손가락을 이용하여 두피를 가볍게 문지른다.
② **강찰법** : 손바닥이나 손가락을 이용하여 두피를 강하게 문지른다.
③ **유연법** : 손가락을 이용하여 두피를 집었다 놓았다 하면서 근육을 풀어주는 테크닉이다.
④ **나선형** : 손가락을 이용하여 전두부, 측두부, 후두부를 원을 그리듯이 굴리면서 두피에 스며드는 느낌으로 거품을 일으킨다.
⑤ **지그재그** : 양손의 검지, 중지, 약지를 이용하여 두피 전체를 지그재그로 문지른다.
⑥ **튕기기** : 양손으로 두피를 쥐었다 놓았다 하면서 짧게 튕긴다.
⑦ **양손 교차법** : 양손을 깍지 끼우듯이 하는 지그재그 테크닉이다.
⑧ **지압점 누르기** : 양손 엄지를 이용하여 센터라인과 페이스라인을 따라서 지압점을 누른다.

(4) 샴푸 시의 주의사항

① 고객이 샴푸를 받을 때 편안함을 느끼도록 한다.
② 물의 온도가 두피에 닿았을 때 뜨겁거나 차갑지 않도록 온도는 38~40°가 적당하다.
③ 타월로 얼굴을 가려서 물이 튀지 않도록 한다.

④ 플레인 샴푸, 퍼머넌트, 염색 시술을 받을 때 샴푸하는 방법을 다르게 한다.
⑤ 두피에 자극이 가지 않도록 시술자의 손톱을 짧게 자른다.
⑥ 고객의 의복에 물이 젖지 않도록 한다.
⑦ 샴푸를 다 마치고 나서 주변정리를 꼭 한다.

04 린스(Rinse)

린스는 샴푸 후에 두발에 남아 있는 금속성 피막과 비누의 불용성 알칼리 성분을 제거하며 두발의 표면을 보호하고 탄력성, 유연성과 보습을 준다.

(1) 린스의 종류

① **산성 린스(Acid balance)** : 화학적인 시술 후에 두발에 잔류하고 있는 알칼리 성분을 중화시켜 두발의 pH로 되돌려준다. 레몬, 구연산이나 과일산을 주로 사용한다.
② **컨디셔닝 린스(Conditioning)** : 양이온 계면활성제를 주성분으로 하여 대전방지효과와 함께 두발에 유분과 수분을 보충하여 헤어컨디셔너 효과까지 부여한다.
③ **컬러픽스 린스(Color-fix)** : 염색된 인공색소 주위에 이중막을 형성시켜 색소의 산화를 막아 퇴색을 방지한다.
④ **자외선 린스(Sunscreen)** : 자외선 흡수제가 함유되어 있어 자외선에 의한 두발 변성을 방지한다.

(2) 린스의 효과

① 린스는 양이온 계면활성제가 주성분이다.
② 두발의 표면을 보호하고 매끄럽게 하여 빗질을 원활하게 한다.
③ 두발에 광택을 주며 정전기를 방지한다.
④ 알칼리성이 된 두발의 pH 밸런스를 맞춘다.

05 트리트먼트(Treatment)

두발에 유분과 수분을 주고 두발 표면을 얇은 피막으로 덮어 보호하는 것으로, 손상된 내부의 단백질이 손실되는 것을 막아 손상이 진행되지 않도록 하며 회복을 도와준다.

(1) 트리트먼트의 종류

① **리페어링 트리트먼트** : 손상모 진행을 막아주고 회복시킨다.
② **프레 트리트먼트** : 펌, 염색 등을 시술할 때 손상 부분에 약제로 두발을 보호한다.
③ **UV 보호 트리트먼트** : 자외선에 의한 두발의 단백질이나 인공색소의 퇴색을 방지할 수 있도록 자외선 흡수제 등을 포함하고 있다.

(2) 트리트먼트의 효과

모간, 모근 부분의 보습효과가 있으며, 영양 상태를 관리한다. 모근을 강화하고, 열행을 촉진한다.

(3) 린스, 컨디셔너, 트리트먼트의 차이점

린스	두발의 지질을 보호하고, 보습성분을 통해 표면을 부드럽고 매끄럽게 한다.
컨디셔너	린스의 역할뿐만 아니라 두발에 영양성분을 공급하고, 두발을 건강한 상태로 유지한다.
트리트먼트	손상모와 극 손상모에 충분한 영양을 공급하여 두발에 윤기를 주고, 모표피를 부드럽게 감싼다.

Chapter 02 두피 스케일링 및 샴푸

01 준비과정

(1) 전체적인 순서

※ 두피 스케일링 및 샴푸 모델의 연령 제한에 따라 대동하는 모델은 본인의 신분증을 지참해야 한다.
※ 모델 기준 : 두발 길이(귀 밑 5cm 이상, 네이프 라인 5cm 이상)의 만 14세 이상 모델

(2) 요구사항

요구사항
① 모델의 어깨, 무릎, 얼굴을 덮을 수 있는 타월을 준비한다.
② 탈지면(가로 길이 7cm, 세로 길이 10cm)을 우드스틱에 말아서 스케일링 면봉을 만든다.
③ 두상을 좌우로 나눈 후 두피용 쿠션 브러시를 이용하여 C.P, E.P, N.P에서 G.P를 향하여 골고루 브러싱을 한다.
④ 두상을 4등분으로 블로킹한 후 두상 상단에서 하단을 향해 1~1.5cm 간격으로 스케일링 면봉을 사용하여 두상 전체를 스케일링한다.
⑤ 두피 스케일링 및 백샴푸 시간은 25분이다.

(3) 수험자 유의사항

유의사항
① 고객의 뒤에서 이루어지는 백 샴푸 및 린스(헤어 트리트먼트)로 시술되어야 하며 옆(사이드)에서 진행될 시 감점 처리 된다.
② 샴푸 시 두상 전체에 각각의 샴푸테크닉(지그재그하기, 굴려주기, 튕겨주기, 양손 교차사용하기)을 반드시 골고루 적용해야 한다.
③ 수험자는 반지나 팔찌, 긴 목걸이 등을 착용한 경우 감점 처리 된다.
④ 시험시간 종료 후에는 빗질 등을 하면서 작품 및 도구를 만져서는 안 된다.
⑤ 채점이 종료된 후 시험위원의 지시에 따라 다음 시술 준비를 해야 한다.

(4) 준비물

탈지면, 우드스틱 2개, 쿠션(댄멘) 브러시, 샴푸제, 린스제, 스케일링 용액, 스케일링볼, 꼬리빗, 핀셋 4개, 타월 4장, 분무기 등 준비 상태가 중요하다.

Part II 두피 스케일링 및 샴푸

02 우드스틱에 스케일링 면봉을 만드는 방법

탈지면(가로 길이 7cm, 세로 길이 10cm)을 우드스틱에 말아 스케일링 면봉을 만든다.

01 탈지면(가로 길이 7cm, 세로 길이 10cm)을 준비한다.

02 탈지면 1장을 반으로 갈라 떼어 낸다.

03 떼어 낸 탈지면에 물로 촉촉이 분무를 한다.

04 검지와 중지 사이에 솜과 우드스틱을 놓고 감기 시작한다.

05 우드스틱에 한 바퀴 감겼을 때 텐션을 주며 감는다.

06 텐션이 없을 경우 스케일링할 때 우드스틱에서 탈지면이 빠질 수 있다.

07 완전히 감은 후 손바닥을 사용하여 전체를 균일하게 만들면서 수분을 제거한다.

08 스케일링 면봉이 완성된 모습이다.

> **합격 Point**
>
> 두피 스케일링, 샴푸에 필요한 도구와 재료 준비, 스케일링 면봉 만드는 연습을 많이 한다.

03 브러싱

브러싱은 두발의 흐름을 정리하고, 두피를 자극시켜 혈액순환을 촉진하며, 휴지기의 두발을 제거하고 성장기 두발의 성장을 촉진한다. 또한 샴푸 전에 두발과 두피에 부착된 먼지, 비듬을 제거하여 샴푸를 용이하게 한다. 브러시나 쿠션브러시는 끝이 둥글고 두피를 부드럽게 자극시켜 시원함을 느낄 수 있게 한다.

01 브러싱 자세는 고객에게 불편함을 주지 않도록 일정한 간격을 유지한다.

 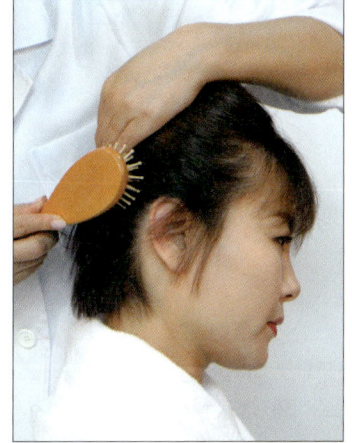 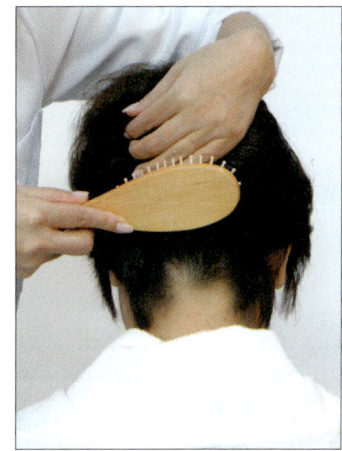

02 두상을 좌우로 나눈 후 두피용 쿠션 브러시를 이용하여 C.P, E.P, N.P에서 G.P를 향하여 전체적으로 골고루 브러싱을 한다.

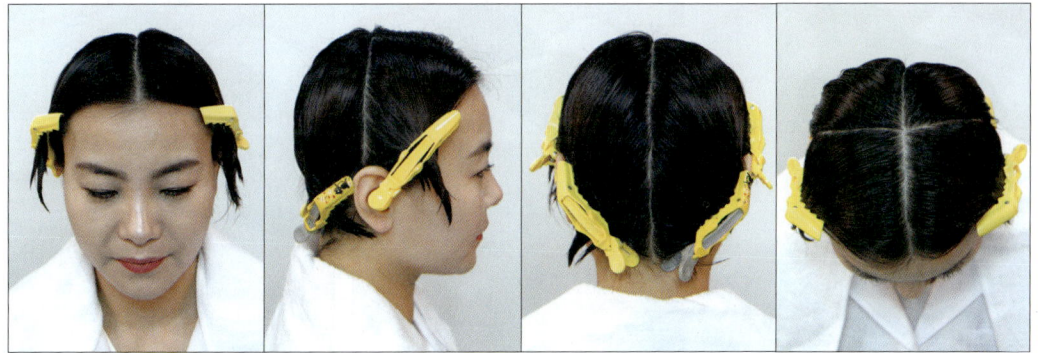

03 두상을 4등분으로 블로킹한 후 두상 상단에서 하단을 향해 1~1.5cm 간격으로 스케일링 면봉을 사용하여 두상 전체를 스케일링한다.

04 두피 스케일링

두피 상태에 따라 제품을 사용하여 두피와 두발에 쌓인 각질, 피지, 노폐물 등을 제거하여 두피를 청결히 하고, 모근의 원활한 호흡작용과 혈액순환을 도와 영양을 공급할 수 있게 한다. 두피 스케일링 준비는 스케일링 면봉과 스케일링 볼에 제품을 1인 1회 사용할 용액만 준비한다.

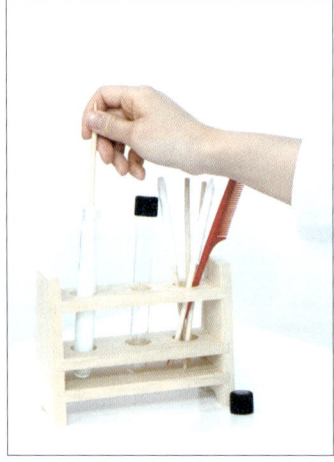 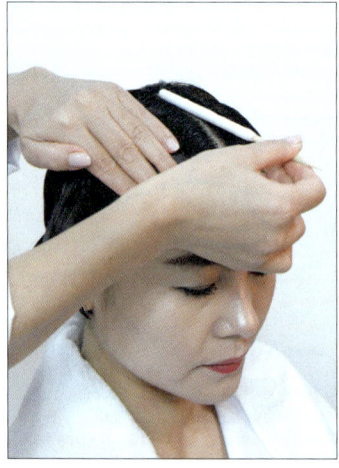 

01 진행순서를 전두부에서 측두부, 후두부로 이어서 한다. 우드스틱에 스케일링 용액을 묻혀 탑에서 페이스라인 쪽으로 이동하면서 문지른다. 우드스틱의 각도는 약 10~20°로 눕혀서 진행하며 스케일링 용액의 양이 너무 많아 얼굴로 흐르지 않도록 주의한다.

02 꼬리빗을 사용하여 수평 파팅을 1~1.5cm 슬라이스하여 두발을 손가락 사이에 끼워 고정하고, 우드스틱에 스케일링 용액을 묻혀 수평 파팅을 따라서 위아래로 문지른다.

Hairdresser Performance Test

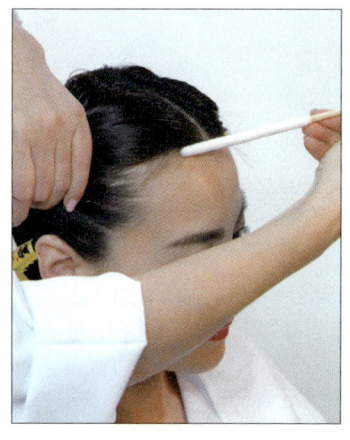 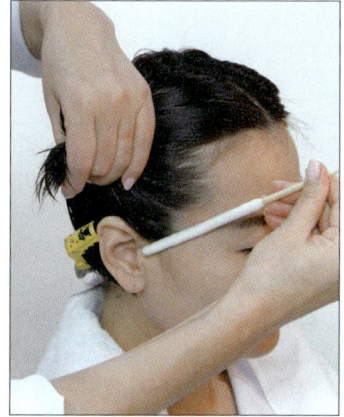 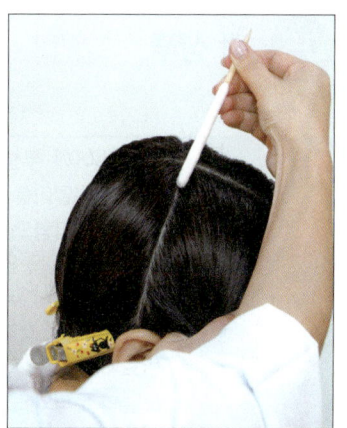

03 한 블록 시술이 끝나면 페이스라인과 파팅선을 따라 스케일링 면봉으로 스케일링 한다.

 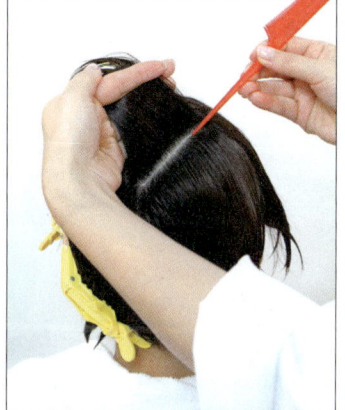 

04 두번째 블록에서 후대각 파팅을 슬라이스하여 우드스틱에 스케일링 제품을 ①과 동일한 방법으로 스케일링 한다.

 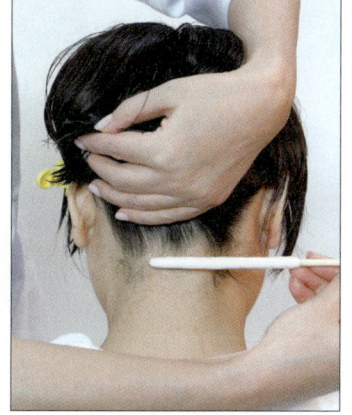 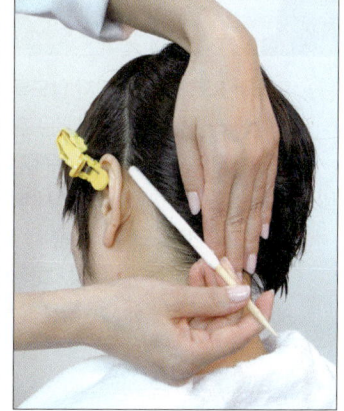

05 좌측 사이드와 페이스라인까지 꼼꼼히 스케일링 용액을 묻혀 문지른다. 두피 스케일링이 끝나면 샴푸 준비를 한다.

Chapter 02 | 두피 스케일링 및 샴푸

Part II 두피 스케일링 및 샴푸

05 백 샴푸

요구사항	① 모델의 어깨, 무릎, 얼굴을 덮을 수 있는 타월을 준비한다. ② 모델의 목덜미를 한손으로 받치고 다른 한손으로는 이마 윗부분을 받쳐서 샴푸대에 눕힌 후 타월을 삼각형으로 접어 얼굴을 가려준다. ③ 손등 또는 손목 안쪽에 물의 온도가 적당한지 확인한다. ④ 모델의 뒤에서 두피와 두발에 물을 충분히 적신 후 적당량의 샴푸제를 사용하여 샴푸한다. ⑤ 두상 전체에 각각의 샴푸테크닉(지그재그하기, 굴려주기, 튕겨주기, 양손 교차 사용하기)을 반드시 골고루 적용한다. ⑥ 모델의 두피와 모발에 샴푸제가 남아 있지 않도록 깨끗하게 헹군다. ⑦ 모델의 페이스 라인과 목 뒤, 귀 등에 샴푸제와 린스가 남아있지 않도록 깨끗하게 헹군다.

(1) 어깨보 덮는 방법과 두발에 물 적시기

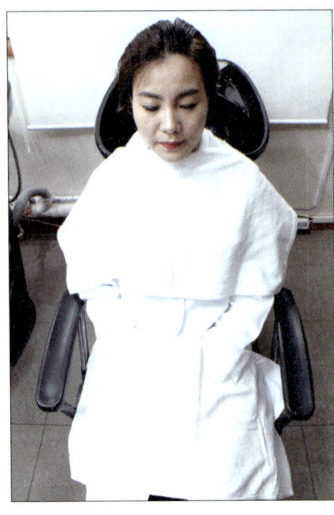
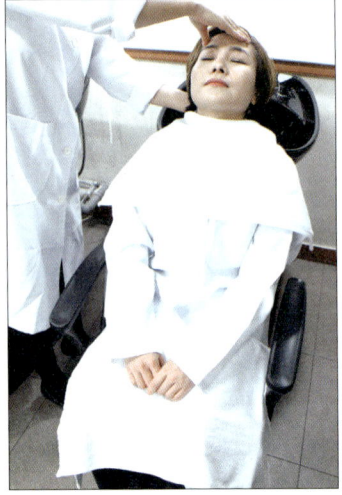
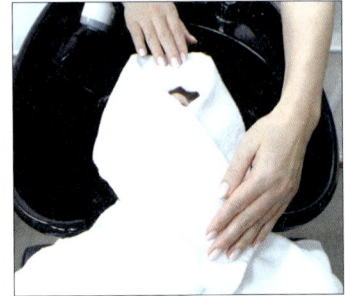

01 모델의 의복이 물에 젖지 않도록 어깨에 타월을 덮는다. 타월은 뒤쪽에서 앞쪽으로 하고 앞쪽에서 뒤쪽으로 양 어깨를 덮으면서 뒤쪽에 고정한다. 모델의 무릎이나 다리가 노출되는 것을 방지하기 위해 타월을 무릎에 덮는다.

02 한 손으로 모델의 목덜미를 받치고 다른 한 손으로 이마 윗부분을 받친다.

03 샴푸대에 눕힌 후 사진처럼 타월을 삼각형으로 접어서 얼굴을 가려준다.

> **합격 Point**
> • 두피 스케일링, 샴푸에 필요한 도구와 재료 준비 상태를 잘 정리한다.
> • 백 애벌샴푸와 샴푸시술동작의 숙련도를 유연하게 한다.

Hairdresser Performance Test

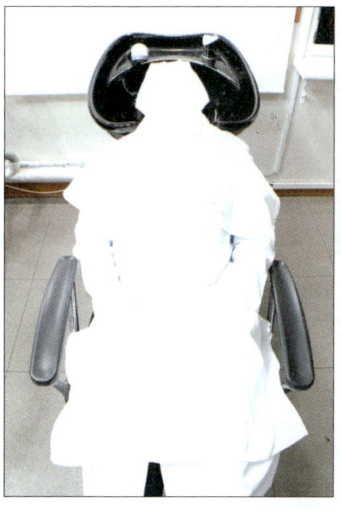

04 모델을 샴푸대에 머리, 목, 등이 일직선상이 되도록 안정적으로 눕힌 자세이다(불편함이 없는지 확인한다). 반드시 백 샴푸를 한다.
두발 전체를 손으로 가볍게 쓸어 샴푸 전 두발이 엉키지 않게 한다.

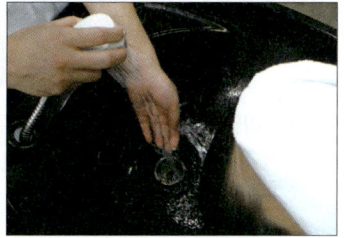

05 샤워헤드는 오른손 손가락으로 감싸 쥔 후 찬물에서 천천히 더운물로 이동하면서 손목으로 먼저 물의 온도가 알맞은지 확인한다.

06 건조한 두발과 두피에 전두부, 측두부, 후두부 순으로 물을 적신다. 샤워헤드는 모델의 얼굴에 물이 튀지 않도록 약 45°에서 한손으로 얼굴을 가리면서 전체적으로 골고루 적신다.

07 귀 뒤쪽은 왼손 손가락을 가지런히 붙여 귀 속에 물이 들어가지 않도록 주의하면서 샤워헤드를 대준다.

08 후두부는 왼손으로 목을 들어 올려 주고 오른손은 샤워헤드를 감싸 쥐고 목덜미 뒷부분을 충분히 적신다.
(06~08)까지는 애벌 샴푸

(2) 샴푸제 도포

09 사진처럼 손바닥에 샴푸제를 잘 펴서 전두부, 측두부, 후두부 순으로 골고루 묻힌다.

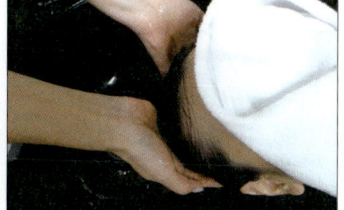

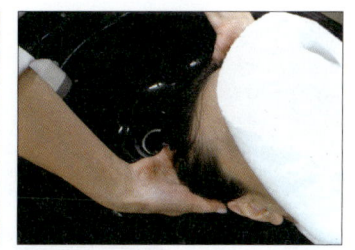

10 양손을 사용해서 골고루 거품이 잘 생기도록 문지른다.

Chapter 02 | 두피 스케일링 및 샴푸

Part II 두피 스케일링 및 샴푸

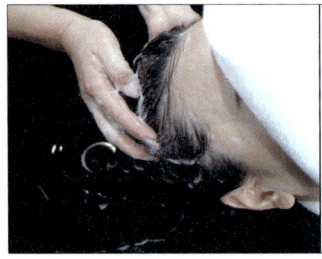 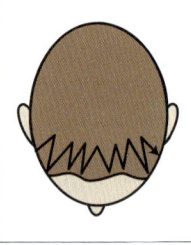  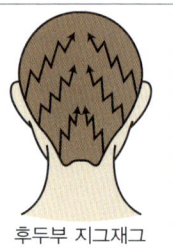

11 양손 검지, 중지, 약지를 사용하여 페이스라인 중심에서 양쪽의 귀밑머리까지 지그재그로 1~2회 문지른다.

12 양쪽 귀 뒤쪽 페이스라인을 따라 네이프에서 두정부를 향해 지그재그로 1~2회 문지른다.

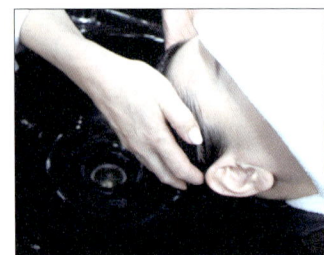 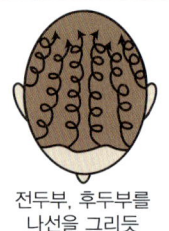 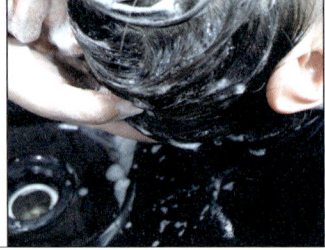 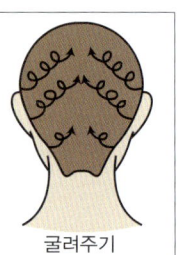

13 모델의 두부를 전체적으로 나선형을 그리듯이 굴리고 네이프는 머리의 무게를 받쳐들 듯이 조금 들어 오른손으로 굴린다.

  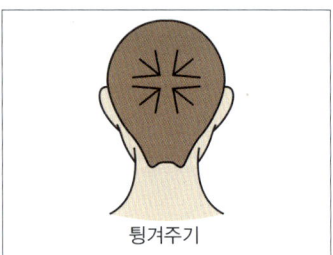

14 양손으로 두피를 쥐었다 놨다하며 짧게 튕기면서 두피 전체에 연속적으로 진행한다.

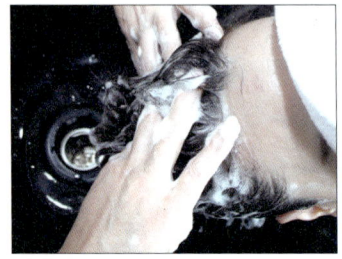 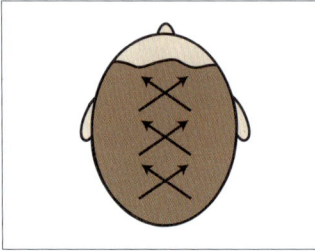 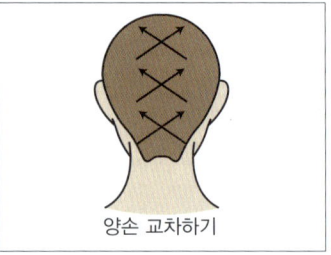

15 양손을 깍지 끼우듯이 하여 교차로 양손 지그재그 테크닉을 전두부, 측두부 순으로 사용한다.

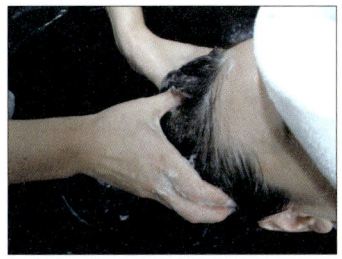 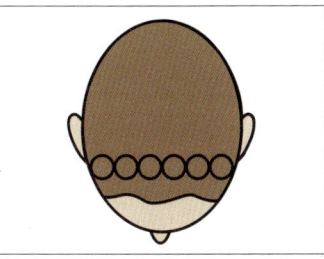 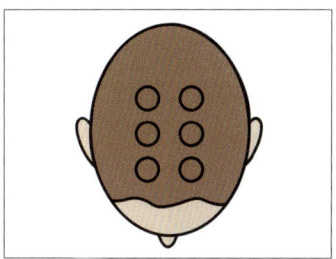

16 양손 엄지를 사용하여 페이스라인과 센터라인을 따라 지압점을 지긋이 누른다(신정에서 백회까지, 신정, 두유, 현로 지압점 순으로).

 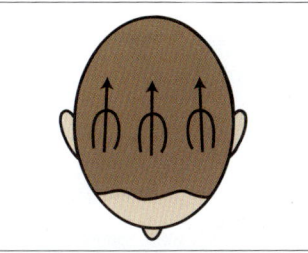 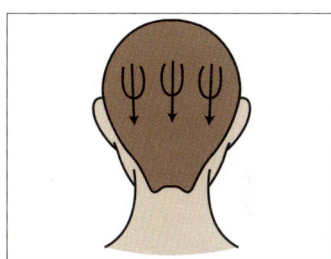

17 손가락 사이에 두발을 끼워서 당길 때 아프지 않을 정도로 두발을 가볍게 끌어당긴다.

18 샤워헤드로 시술자의 손에 묻은 거품을 씻어 낸다.

(3) 헹구기

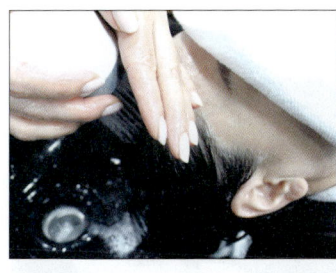 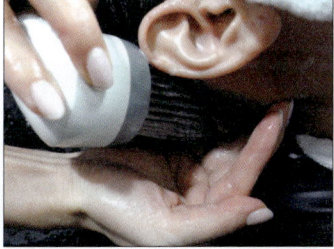 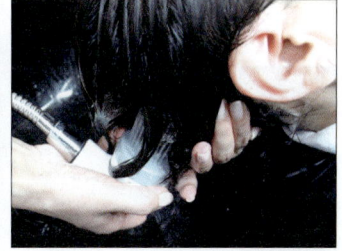

19 온수의 온도 조절을 한 후 모델의 전두부, 측두부, 후두부 순으로 샴푸제가 남아 있지 않도록 깨끗하게 헹군다.

20 물을 손바닥에 태핑하듯이 두피에 보내면서 씻어준다.

21 특히 귀 주위와 네이프 페이스라인까지 샴푸제가 남아 있지 않도록 꼼꼼하게 씻어 낸다.

Part II 두피 스케일링 및 샴푸

06 린스(헤어 트리트먼트)

요구사항
① 모델의 뒤에서 적당량의 린스(헤어 트리트먼트)제를 사용하여 작업한다.
② 모델의 두피와 두발에 도포된 제품이 남아있지 않도록 깨끗하게 헹군다.
③ 모델의 페이스라인과 목 뒤, 귀 등에 트리트먼트제가 남아있지 않도록 깨끗하게 헹구어 낸다.

(1) 린스제 도포

 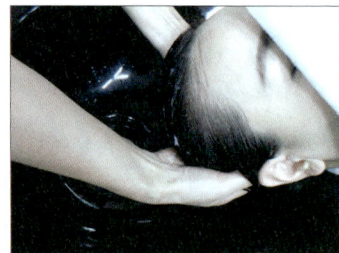 

01 두발에 여분의 물기를 손으로 제거한 후 적당량의 린스제를 손바닥에 덜어서 두발 끝 부분부터 가볍게 비비면서 바른다. 전체적으로 고르게 묻힌다.

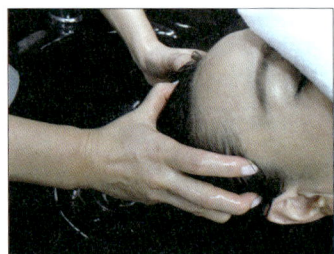 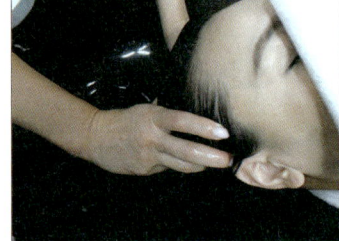 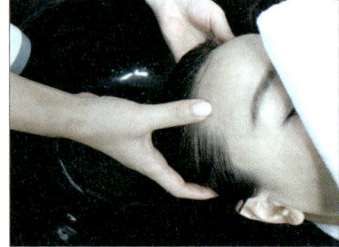

02 두피 전체를 가볍게 지그재그로 문지른다.

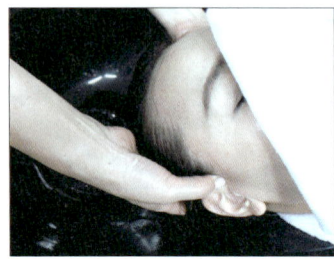 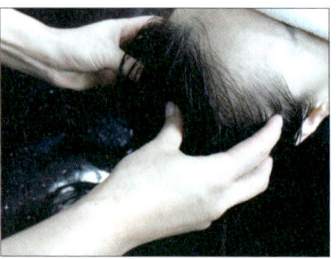 

03 지압점 누르기, 양손교차, 팅기기 테크닉으로 가볍게 재빨리 문지른다.

(2) 린스제 헹구기

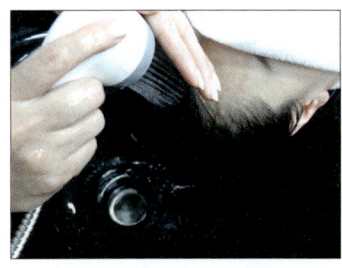 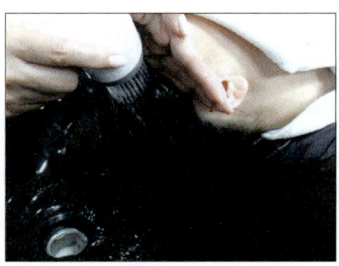 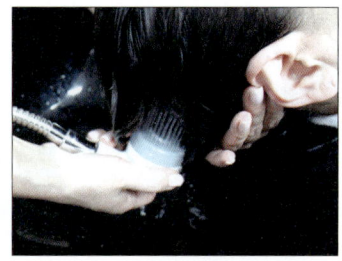

04 모델의 얼굴에 물이 튀지 않도록 손바닥으로 가리면서 도포된 린스제가 남아있지 않도록 전체적으로 깨끗이 헹군다. 특히 네이프 페이스라인과 귀 주위를 잘 씻어낸다.

 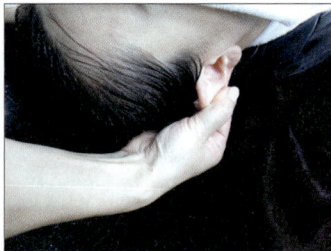 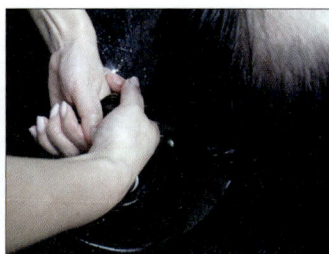

05 페이스라인, 귀, 네이프의 지압점을 지긋이 누르면서 두발의 수분을 손으로 밀어낸다.

합격 Point
- 시술 도중에 기구나 도구를 꺼낼 경우 감점대상이다.
- 샴푸 시 수압과 온도 조절을 정확히 한다.

07 마무리

요구사항	① 타월을 사용하여 페이스라인, 목 뒤, 귀 등의 물기를 깨끗하게 닦는다. ② 두피, 두발의 물기를 제거하기 위해 타월 드라이한다. ③ 타월을 사용하여 모델의 두발을 감싸는 작업을 한다. ④ 타월 감싸기 작업 이후 모델의 모발을 빗질하여 마무리한다. ⑤ 샴푸, 린스 작업을 마친 후 샴푸대 주변을 깨끗하게 정리한다.

Part II 두피 스케일링 및 샴푸

(1) 타월 드라이(수분 제거)

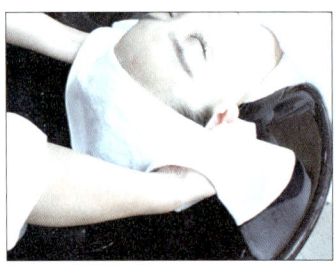  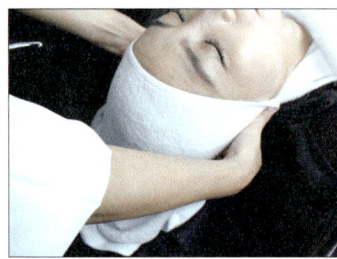

01 얼굴에 덮인 타월을 떼어낸다. 사진처럼 타월을 사용하여 페이스라인, 목, 귀 부분의 귓속 물기를 누르듯이 깨끗이 닦는다. 두피, 두발의 물기를 제거하기 위해 샴푸볼 안에서 타월 드라이한다(물기가 뚝뚝 떨어지면 모델에게 불쾌감을 줄 수 있다).

(2) 타월 감싸기, 주변정리

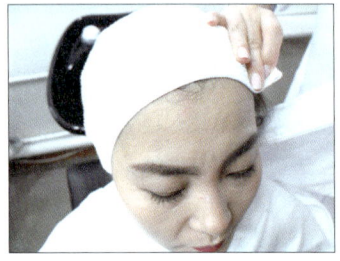  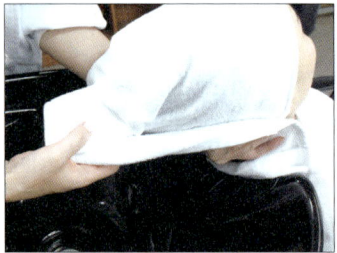

02 오른쪽 타월 끝을 페이스라인을 따라 텐션감 있게 감싼 후 한손으로 눌러 고정시킨다. 왼쪽 타월 끝을 페이스라인을 따라 텐션감 있게 감싼 후 끝부분을 말아 넣어 고정시킨다.

 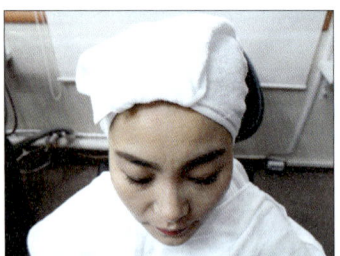 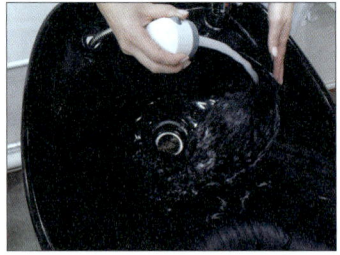

03 타월을 사용하여 두발이 삐져나오지 않도록 하면서 두발을 감싸서 타월을 고정한다. 타월 감싸기가 마무리된 모습이다. 샴푸, 린스 작업을 마치고 샴푸대 주변과 샴푸도구를 깨끗이 정리한다. 무릎에 덮은 타월도 떼어낸다.

(3) 마무리

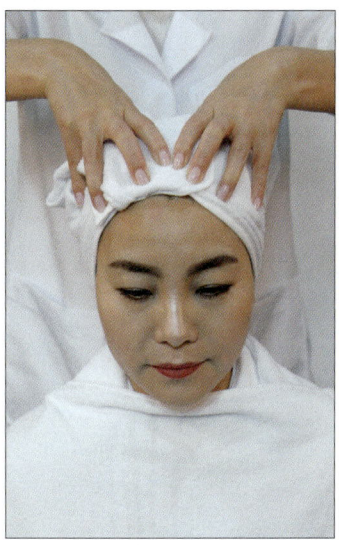 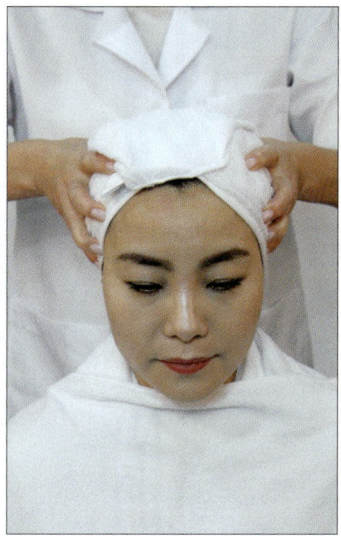 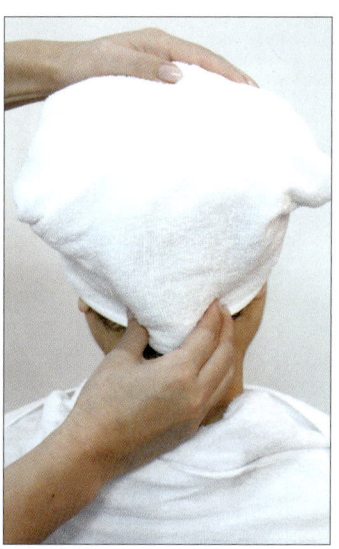

04 모델은 본래의 자리에 착석하고 뒤에서 양손으로 지그시 눌러 지압한다(경우에 따라서 샴푸 의자에서 타월 드라이하여 마무리할 수 있다).

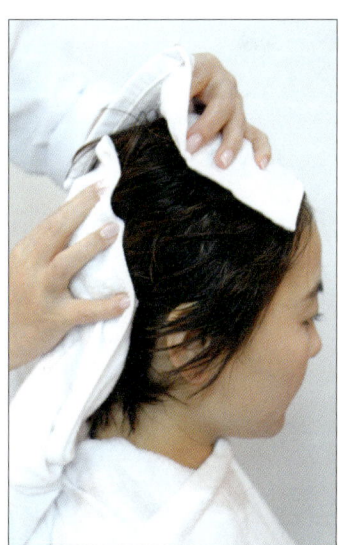 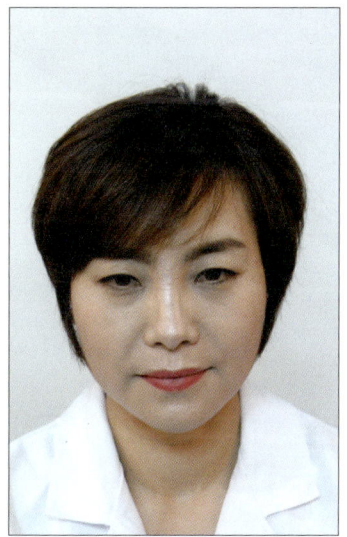

05 타월 드라이로 마무리한 후 콤아웃 한다.

합격 Point
- 타월 드라이 숙련도를 높인다.
- 타월로 두부를 감싸는 숙련도를 높인다.

Part III
헤어커트

국가기술자격시험 미용사 일반 실기

Chapter 01　헤어커트의 기초

Chapter 02　헤어커트 절차 및 방법

Chapter 03　헤어커트의 기본형

Chapter 01 헤어커트의 기초

헤어커트는 모든 헤어스타일의 기초가 되는 매우 중요한 응용예술분야 중 하나이다. 조각가가 진흙을 빚어 예술 작품을 창작하듯 헤어 디자이너는 머리카락을 잘라내어 아름다운 헤어스타일을 창조해낸다.

커트의 이론을 체계적으로 학습하고 이를 바탕으로 예술성과 과학을 접목한 다양한 헤어 디자인을 연출하여 미적인 아름다움뿐 아니라 기능성까지 고루 갖추어 고객의 만족도를 높일 수 있어야 한다.

01 커트도구

디자인 결정 과정을 통해 정해진 스타일에 따라 사용 도구와 기법이 결정된다. 특정한 도구를 선택하는 일은 형태선에서 두발 질감의 변화를 가져오게 되며 도구에 대한 숙련도에 따라 결과가 다르게 나타나므로 많은 연습과정이 필요하다.

(1) 커트가위(Cut scissors)

가위는 두발 끝을 깨끗하고 뭉툭한 모서리로 만들어 정돈된 느낌을 주기 위해 사용되는 도구이다.

(2) 틴닝가위(Thinning scissors)

틴닝가위는 규칙적으로 길고 짧은 단차를 만들어내며 두발의 양을 조절한다.

(3) 레이저(Razor)

레이저는 각 두발의 끝을 가늘게 하여 부드러운 형태선을 만든다.

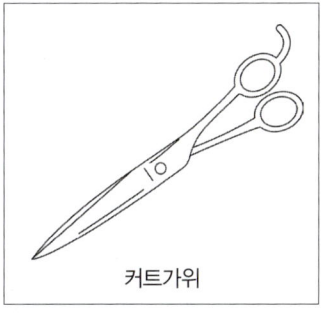
커트가위

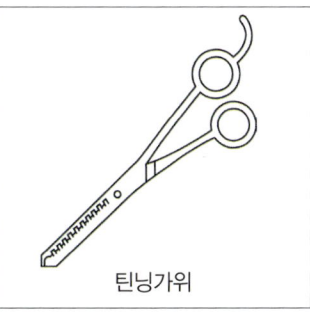
틴닝가위

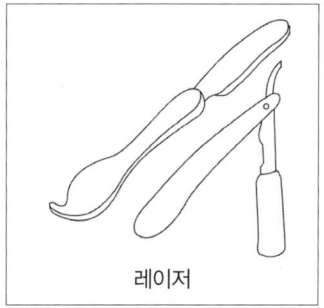
레이저

✿ 커트도구

(4) 빗(Comb)과 핀셋(클립)

빗은 커트하는 동안 두발을 분배하고 조절하며, 빗살 간격과 디자인에 따라 다양한 용도로 사용된다. 전체적으로 빗살이 균일한 것이 좋고, 너무 뾰족하거나 무디지 않은 것을 선택한다.

① **커트빗** : 헤어커트 시 얼레빗살은 블로킹과 슬라이스를 나눌 때 사용하고, 고운빗살은 섬세한 빗질을 할 때 사용한다.

② **얼레빗** : 빗살 간격이 넓기 때문에 많은 양의 두발을 조절하는 데 적당하다.

③ **꼬리빗** : 고운빗살과 긴꼬리가 있어 슬라이스를 나눌 때 용이하다. 퍼머넌트 와인딩과 롤러컬 와인딩에 사용한다.

④ **웨이브빗** : 빗의 길이가 길고 얼레빗살과 고운빗살이 같이 있어서 섬세한 웨이브를 만들 때 사용한다.

⑤ **핀셋(클립)** : 커트하는 동안 두발을 고정하는 데 사용되는 도구이다.

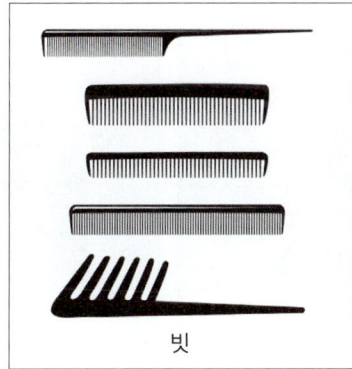
빗

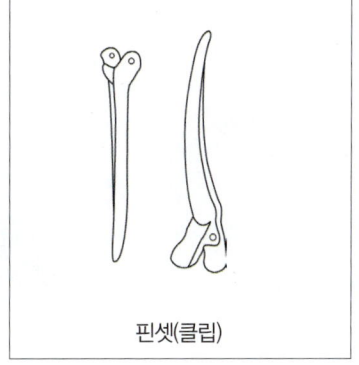
핀셋(클립)

✿ 커트도구

Part III 헤어커트

02 가위와 빗(대표적인 커트도구)

(1) 가위와 빗의 명칭

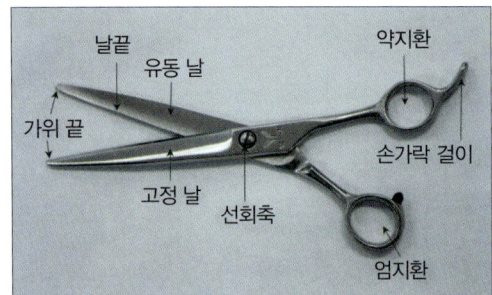
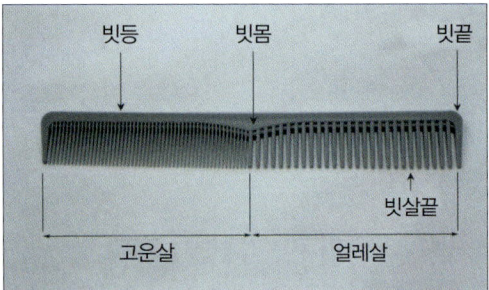

◉ 가위와 빗

(2) 가위 쥐는 자세

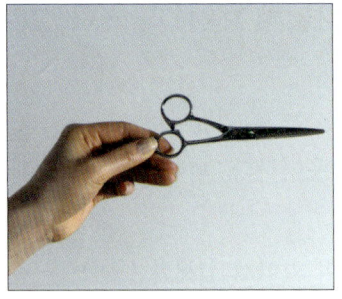

01 가위나사점이 보이도록 잡는다.

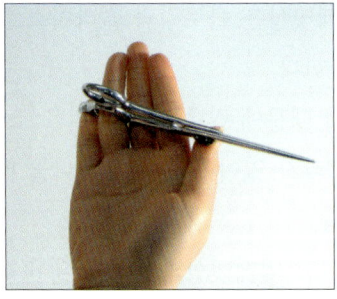

02 오른손바닥을 위로 하고 약지 두 번째 마디에 약지환을 끼운다.

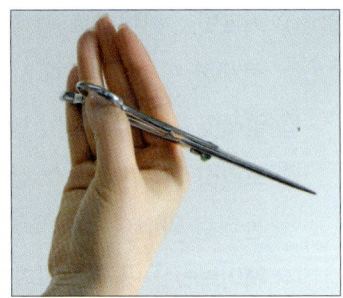

03 손바닥 45° 위치에 가위를 놓고 엄지환에 엄지손톱 중간쯤 걸친다.

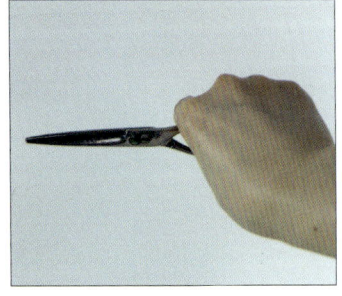

04 ③의 상태에서 그대로 손을 뒤집어 손등이 보이도록 하는 자세가 가위 잡는 기본형이다.

05 ④의 자세에서 개폐동작연습을 많이 하고 가위를 좌우로 돌려가면서 반복 트레이닝을 한다.

06 엄지환에서 엄지를 빼고 손가락 전체로 가위를 가볍게 감싸 쥔다.

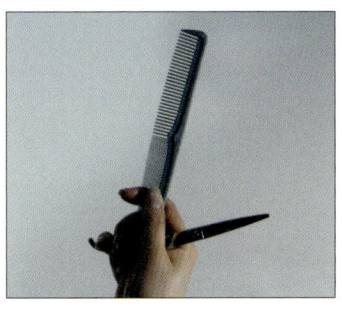

07 빗과 가위를 같이 쥘 때는 ⑥의 자세에서 빗의 1/3 지점을 엄지, 검지, 중지로 잡는다.

(3) 두발을 자를 때 가위를 손가락에 대는 방법

① 손바닥이 마주보는 자세

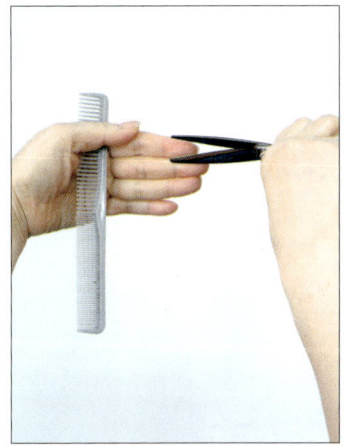

01 왼손 엄지에 커트빗을 끼워서 고정한 후 검지와 중지를 가볍게 붙인 다음 오른손에 가위를 열어서 왼손 중지 끝에 고정 가윗날을 가져다 대고 개폐동작을 충분히 한다.

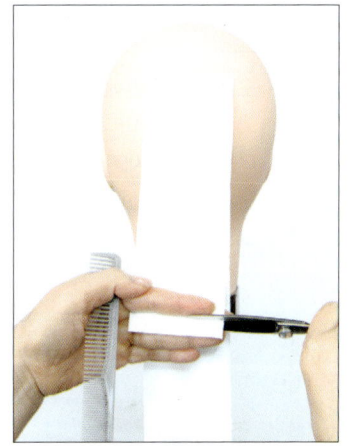

02 왼손 엄지로 커트빗을 잡고 검지와 중지로 두발(종이)을 끼운다. 가윗날을 두발(종이)을 쥔 중지 끝에 가져다 대고 고정 가윗날이 흔들리지 않도록 3~4번 정도 자른다.

03 마네킹의 머리 위치를 바르게 하고 물을 충분히 분무한 후 수평 슬라이스 폭을 1.5cm로 하여 빗으로 두발을 자연스럽게 빗은 후 왼손 검지와 중지에 두발을 끼워 손가락을 바르게 쭉 편다.

04 오른손에 잡고 있는 가위는 바른 자세로 한 다음 고정 가윗날을 흔들리지 않게 움직이면서 개폐동작을 정확하게 한다.

② 손등 위에서 커트하는 자세

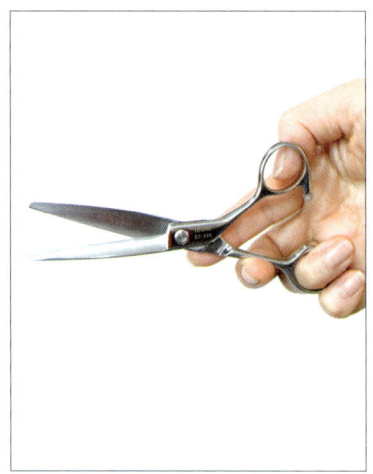

01 오른손 엄지 끝에 엄지환을 살짝 넣고 약지 둘째 마디에 약지환을 끼운 다음 가위 자세가 수평이 되도록 하면서 검지가 선회축을 안정감 있게 고정한다.

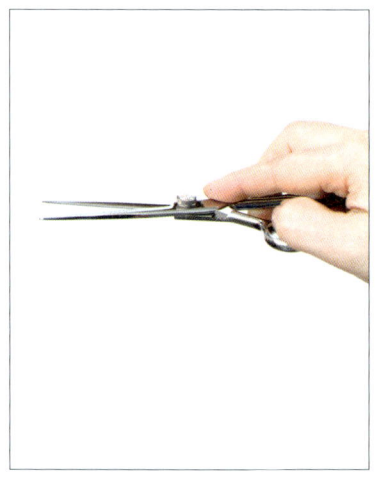

02 손바닥에 가위를 쥐는 모습이다.

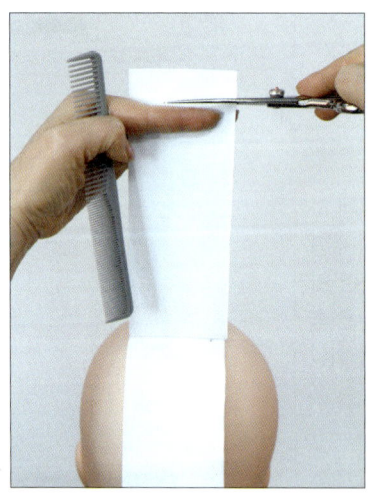

03 오른손의 고정 가윗날을 왼손 검지 손가락등 끝에 대고 가윗날이 흔들리지 않게 자른다.

04 수평 슬라이스를 한 자세이며, 왼손 검지 끝에 오른손에 있는 고정 가윗날을 대고 안정감 있게 자른다. 가위와 손가락의 위치는 평행이 되게 한다.

③ 손바닥을 아래로 향하는 자세

01 오른손에 가위를 잡는 모습이다.

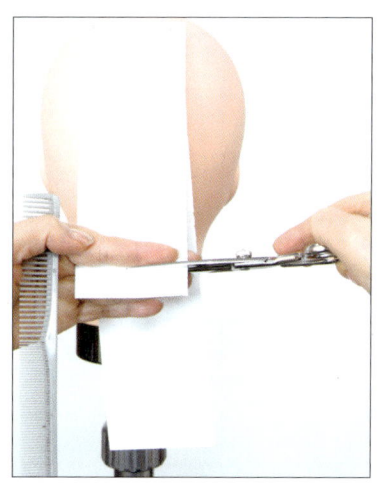

02 왼손 엄지에 빗을 고정하고 검지와 중지 사이에 두발(종이)을 끼워서 손가락을 바르게 한다.

03 왼손 손바닥이 아래로 향하게 하고 검지와 중지 사이에 두발을 끼우고 바른 자세로 흔들리지 않게 고정시킨다.

04 왼손 가운데 손가락 아래쪽에 고정 가윗날이 평행하도록 자세를 취하면서 안정감 있게 자른다.

체크 Point

처음 커트를 배울 때 가장 중요한 것은 올바른 자세이며, 정확한 테크닉을 표현하기 위해서는 바른 도구 사용법을 습득하며 많은 연습이 필요하다.

Part III 헤어커트

03 두부의 명칭

(1) 두부의 각부 명칭

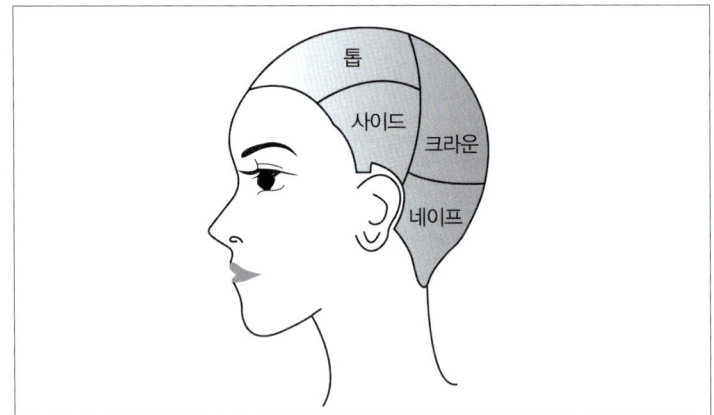

(2) 두부의 포인트 명칭

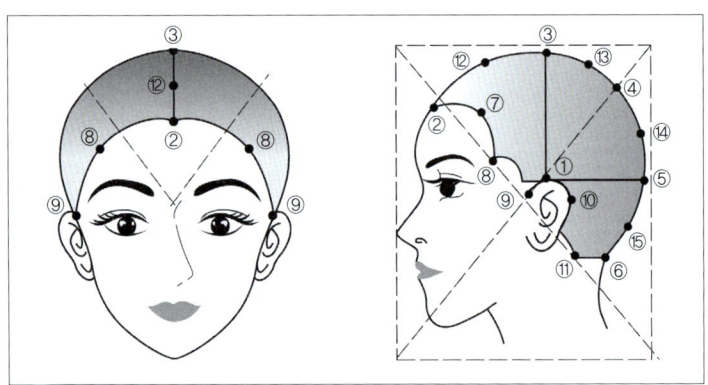

① E.P : Ear Point[이어 포인트(좌·우)]

② C.P : Center Point[센터 포인트]

③ T.P : Top Point[탑 포인트]

④ G.P : Golden Point[골든 포인트]

⑤ B.P : Back Point[백 포인트]

⑥ N.P : Nape Point[네이프 포인트]

⑦ F.S.P : Front Side Point[프론트 사이드 포인트(좌·우)]

⑧ S.P : Side Point[사이드 포인트(좌·우)]

⑨ S.C.P : Side Corner Point[사이드 코너 포인트(좌·우)]

⑩ E.B.P : Ear Back Point[이어 백 포인트(좌·우)]

⑪ N.S.P : Nape Side Point[네이프 사이드 포인트(좌·우)]

⑫ **C.T.M.P** : Center Top Medium Point[센터 탑 미디엄 포인트]
⑬ **T.G.M.P** : Top Golden Medium Point[탑 골든 미디엄 포인트]
⑭ **G.B.M.P** : Golden Back Medium Point[골든 백 미디엄 포인트]
⑮ **B.N.M.P** : Back Nape Medium Point[백 네이프 미디엄 포인트]

(3) 두부의 7라인 명칭

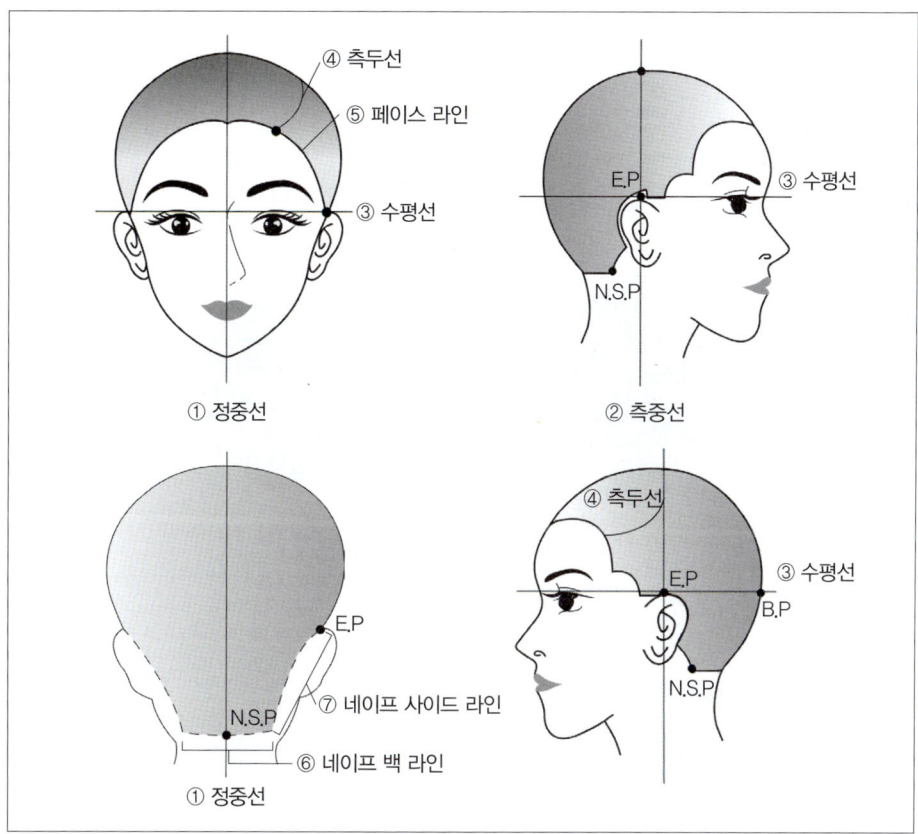

① **정중선**(C.P~N.P) : 코의 중심을 기준으로 머리 전체를 수직으로 가른 선
② **측중선**(E.P~E.P) : 좌측 귀에서 우측 귀까지 이은 선
③ **수평선**(E.P~E.P) : E.P의 높이를 수평으로 이은 선
④ **측두선**(F.S.P) : 대체로 눈끝을 수직으로 세운 머리 앞쪽에서 측중선까지의 선
⑤ **페이스 라인(헤어 라인)**(S.C.P~S.C.P) : 두발과 얼굴의 경계선
⑥ **네이프 백 라인(목뒷선)**(N.S.P~N.S.P) : N.S.P에서 N.S.P를 연결한 선
⑦ **네이프 사이드 라인(목옆선)**(E.P~N.S.P) : E.P에서 N.S.P를 연결한 선

Chapter 02 헤어커트 절차 및 방법

01 커트 절차

체계적인 커트 절차에 따라 시술하면 언제나 정확성과 일관성을 유지할 수 있다.

(1) 블로킹(Blocking)

커트하기 편리하도록 몇 개의 큰 블록으로 나누는 것을 의미한다.

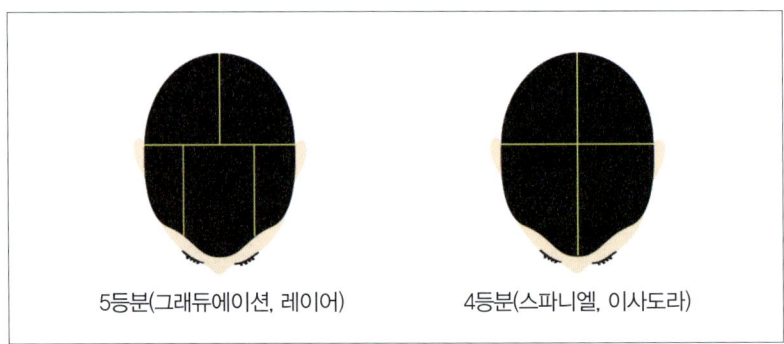

5등분(그래듀에이션, 레이어)   4등분(스파니엘, 이사도라)

◎ 블로킹

(2) 머리 위치(Head position)

머리의 위치에 따라 커트 디자인이 달라질 수 있기 때문에 스타일에 따른 머리 위치가 중요하다.

① **정면(Upright)** : 머리를 똑바로 한 상태에서 커트하면 가장 자연스럽고 고른 결과가 나온다.
② **앞숙임(Forward)** : 네이프 부분에 단차를 주기 위한 커트와 형태선을 마무리할 때 사용된다.
③ **옆 기울기(Tilted)** : 머리를 옆쪽으로 기울여 형태선을 쉽게 마무리한다.

정면

앞숙임

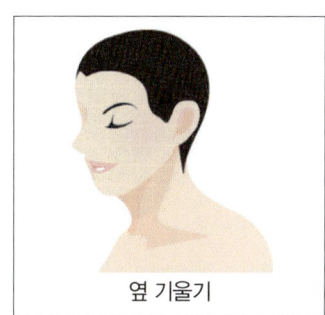
옆 기울기

◯ 머리 위치

(3) 슬라이스(Slice)

슬라이스란 두발을 얇게 선으로 나누는 것을 말한다. 선의 기본은 수평선, 수직선, 대각선, 피봇선, 곡선 등이 있으며, 디자인에 따라 다양하게 슬라이스하고, 대체로 디자인 라인과 평행하다.

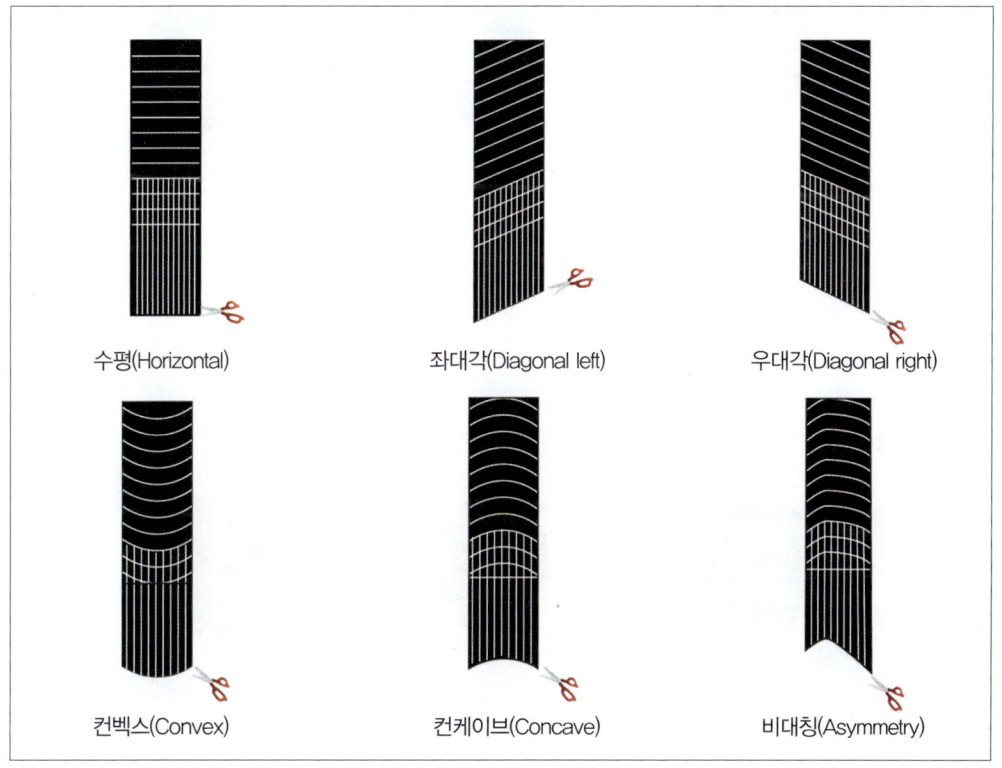

◯ 슬라이스의 종류

○ 디자인 라인

(4) 빗질 방향(분배 : Distribution)

① **자연분배** : 두발이 두상에서 자연스럽게 떨어지는 방향

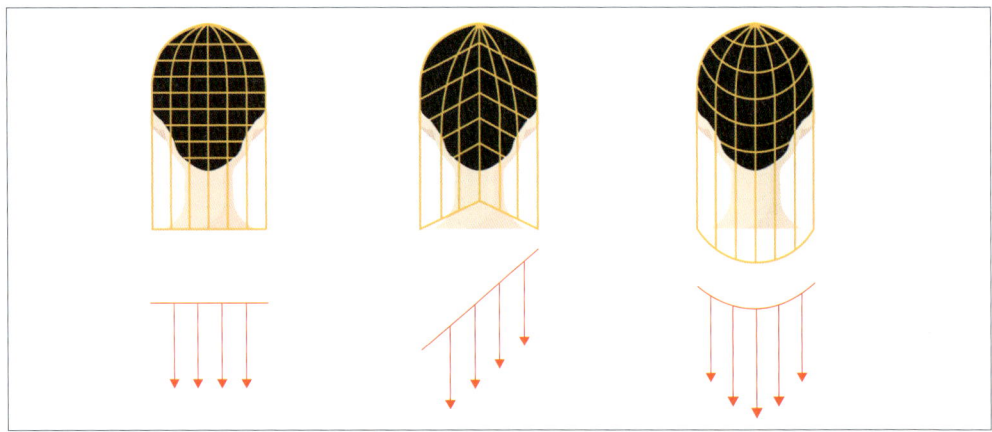

② **직각분배** : 기본 슬라이스 선에서 90°로 빗질되는 방향

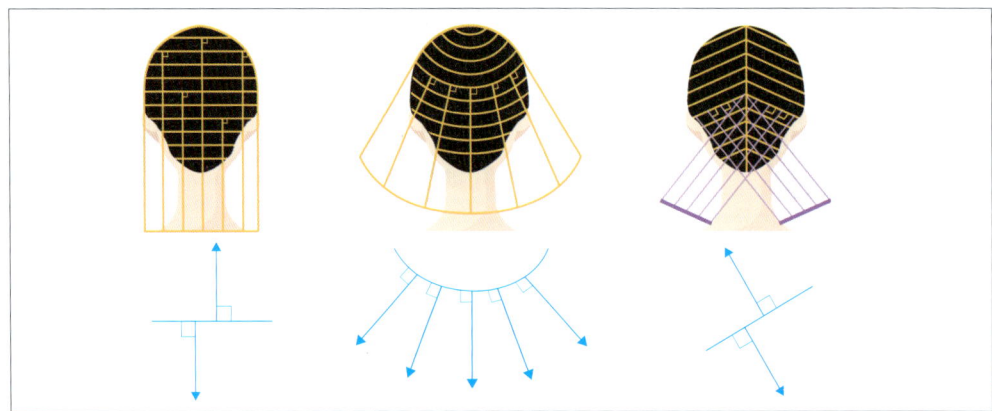

(5) 시술각(Projection)

커트하는 동안 두상의 곡면으로부터 들어 올려지는 각도를 말한다.

① **그래듀에이션 커트에 사용되는 시술각**
  ㉠ 1~89° 사이의 시술각이 그래듀에이션형을 만들어낸다.
  ㉡ 표준 시술각은 45°이다.
  ㉢ 로우 그래듀에이션 시술각은 1~30°이다.
  ㉣ 하이 그래듀에이션 시술각은 61~89°이다.

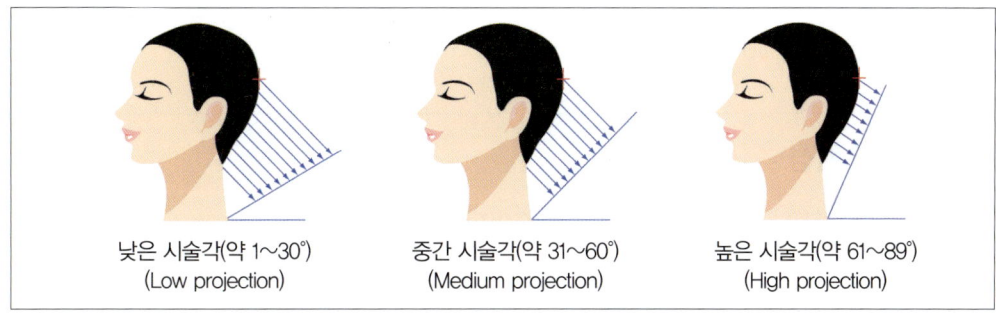

낮은 시술각(약 1~30°) (Low projection)　　중간 시술각(약 31~60°) (Medium projection)　　높은 시술각(약 61~89°) (High projection)

○ 그래듀에이션 커트의 시술각

② **원랭스 커트에 사용되는 시술각**
  ㉠ 두상의 곡면으로부터 중력의 힘에 의해 두발이 매달린 상태를 말한다.
  ㉡ 스파니엘 커트, 이사도라 커트 각도는 모두 0°이다.

③ **유니폼 레이어 커트에 사용되는 시술각** : 두상의 곡면에서 90°이다.

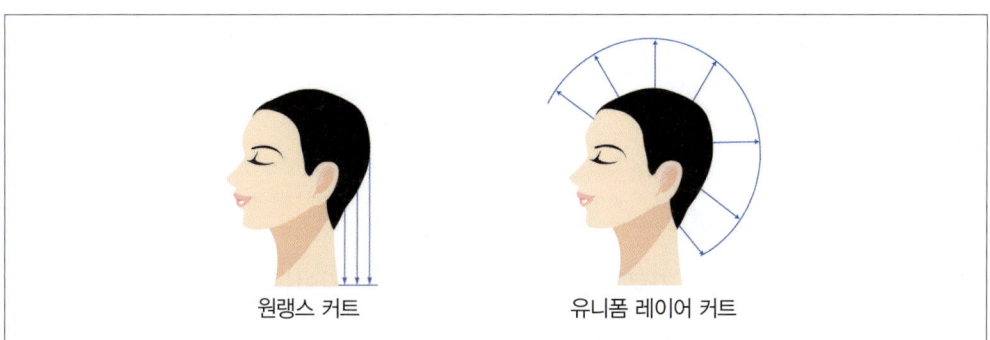

원랭스 커트　　유니폼 레이어 커트

○ 원랭스, 유니폼 레이어 커트의 시술각

(6) 손가락 위치(Finger position)

① **평행** : 슬라이스와 손가락 위치가 일정한 간격을 유지하는 위치를 말한다.

② **비평행** : 슬라이스와 손가락 위치가 일정한 간격을 유지하지 않는 위치를 말한다.

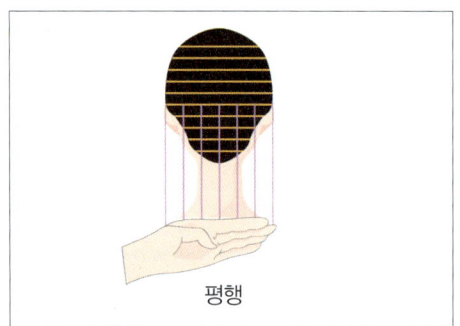
평행

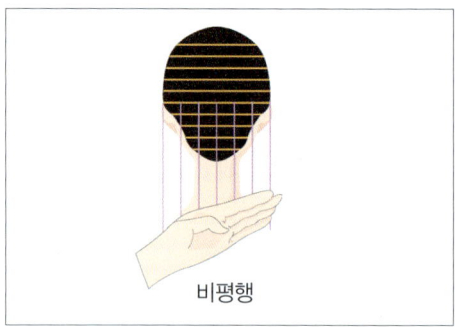
비평행

(7) 스타일의 완성

커트를 마치고 나서 마무리 콤 아웃 과정이다.

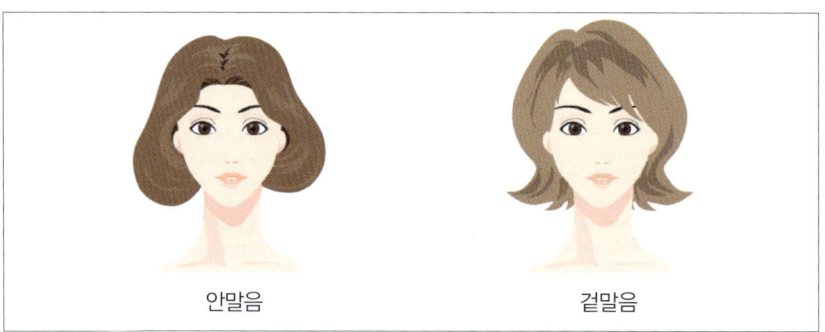
안말음 / 겉말음

02 커트 테크닉

(1) 블런트 커트(Blunt cut)

두발을 뭉툭하고 똑바로 가로질러 커트하는 기법으로 길이는 제거되지만 부피는 그대로 유지되어 두발 끝에 그대로 남아 있는 것이 특징이다.

(2) 나칭(Notching)

두발 끝의 뭉툭한 느낌을 없애 주지만 약간 투박한 느낌이 있다. 두발 끝에 시술되며, 두발이 잘린 단면이 45° 정도 각도를 유지하면서 지그재그의 작은 폭이 생긴다. 웨이브 두발에 생동감을 더해주고 커트의 질감을 표현할 수 있는 기법이다.

네이프 적용

탑 적용

(3) 포인팅(Pointing)

가위 날 끝을 이용하여 두발의 모근 중간 또는 끝 부분에서 곧은 가위의 끝을 사용하여 섬세하고 불규칙한 길이를 만들어 내는 기법이다. 두발의 끝을 쳐내는 양은 손가락의 위치나 횟수에 따라 달라지고 가위에 주는 힘에 따라서 잘리는 두발의 단면이 불규칙하게 나타날 수 있으며, 부피감을 줄여주는 효과도 있다. 커트의 질감을 표현할 수 있는 기법이다.

(4) 슬라이드(Slide)

전체적으로 머리를 잡고 머리 끝을 날려 보내는 동작으로 머리 끝을 향해서 미끄러지듯이 커트하는 기법이다. 가위를 레이저처럼 사용하여 짧은 길이에서 긴 길이로의 진행을 만들어내는 다목적인 기법이다.

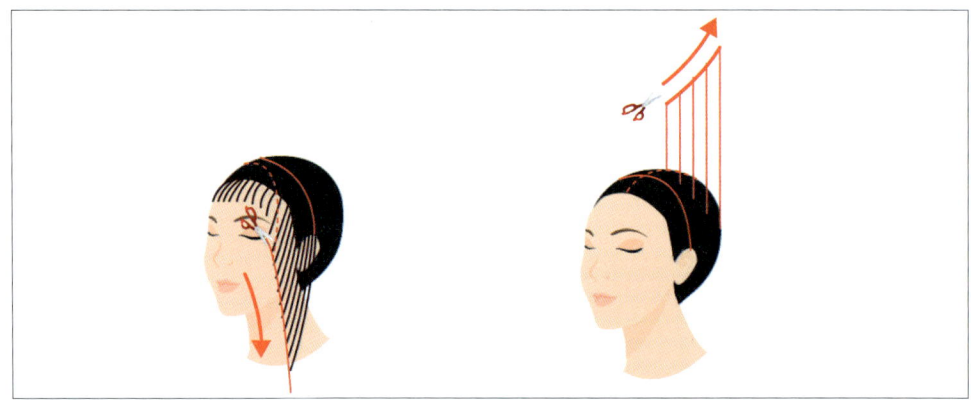

◐ 슬라이드

(5) 스트로크 커트(Stroke cut)

가위로 커트하는 기법 중 하나로 두발 끝에서 모근 쪽을 향해 가위를 개폐하여 자르는 커트로 두발의 길이와 질감을 동시에 나타내고 싶을 때 쓰는 방법이다. 쇼트, 미디엄, 롱 스트로크 기법은 가위가 두발에 들어가는 각도와 시술부위(두발 끝, 중간, 모근)에 따라 나뉘며, 그에 따라 무게감도 달라지게 된다.

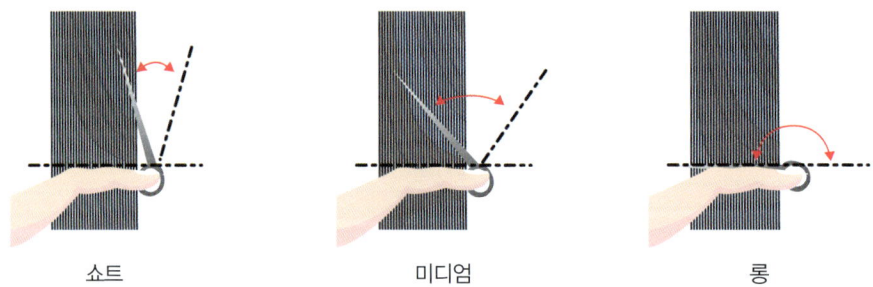

쇼트　　　　　　　미디엄　　　　　　　롱

(6) 레이저 에칭(Razor etching)

레이저를 사용하여 무게감을 줄이고 두발의 겉표면을 45°로 시술하여 길이를 조절하는 방법으로 바깥말음 효과가 있다.

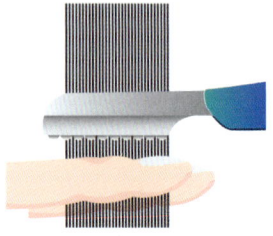

(7) 레이저 아킹(Razor arcing)

레이저 아킹은 호를 그리는 동작으로 두발 길이를 제거하는 기법이다. 두발 끝부분을 부드럽게 테이퍼하여 정확한 라인을 만들어내며, 레이저의 날은 두발 아래에서 약간의 경사를 만들어 안말음 효과를 준다.

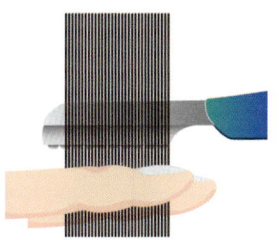

03 라인 커트하는 방법(Line cut)

(1) 수평 자르기(바닥과 평행한 선)

01 두발에 물을 충분히 분무한 후 빗의 얼레살을 이용하여 수평으로 빗질한 후 슬라이스한다.

02 왼손으로 두발을 쥐고 빗의 고운빗살로 자연스럽게 모근까지 깊게 넣어 두발이 엉키지 않도록 빗어준다(자연분배).

03 왼손 검지와 중지 사이에 두발을 끼우고 수평 슬라이스와 평행하게 하고 슬라이스의 폭은 1~1.5cm로 하여 자른다.

04 수평라인으로 커트된 모습이다.

(2) 좌대각선 자르기

01 좌대각 슬라이스를 위해서는 빗질을 좌대각으로 한다.

02 빗을 엄지에 고정하고 손가락은 좌대각 라인을 따라서 놓는다.

03 가위는 왼손의 중지에 대고 손가락과 평행하게 두발을 자른다.

04 좌대각 라인으로 잘린 모습이다.

(3) 우대각선 자르기

01 수평으로 슬라이스하여 수평 디자인 라인으로 잘린 모습이다.

02 자연스럽게 빗질한 후 중앙에서 시작하여 왼쪽 끝으로 대각선이 되도록 자른다.

03 중앙의 길이를 보면서 오른쪽 끝에서 중앙으로 대각선이 되도록 자른다.

04 우대각 라인으로 잘린 모습이다.

(4) 볼록한 곡선 자르기(컨벡스 라인 : 곡선)

01 수평으로 슬라이스하여 수평 디자인 라인으로 잘린 모습이다.

02 자연스럽게 빗질한 뒤 왼쪽 손가락을 우대각이 되게 하여 대각라인으로 자른다.

03 왼쪽 손가락을 좌대각이 되게 하여 대각라인으로 자른다.

04 컨벡스(Convex) 라인으로 잘린 모습이다.

Chapter 03 헤어커트의 기본형

01 원랭스 커트의 스파니엘과 이사도라 스타일

미용사 자격시험에서 헤어 커트는 원랭스 커트의 스파니엘 스타일과 이사도라 스타일, 그래듀에이션 커트, 레이어 커트로 나눌 수 있다.

기본형의 커트는 다양한 길이로 표현될 수 있고 스타일에 따라 모양, 구조, 질감 등이 다르게 나타나게 된다. 또한 모든 헤어 디자인의 기본이 되는 블런트 커트는 단순하지만 정확한 커트선을 디자인하여야 한다.

(1) 스파니엘 · 이사도라 스타일의 특징

① **모양** : 형태선 가장자리에 무게감이 형성되고 각진 모양에 디자인 라인은 곡선으로 표현된다.
② **도해도** : 두발 길이가 네이프에서 탑 부분으로 갈수록 길어진다.
③ **질감** : 두발의 표면이 매끄럽고 가지런한 질감을 보여준다.
④ **시술각** : 두상의 곡면으로부터 중력에 의해 두발이 매달린 상태를 말한다(∠0°=자연시술각).

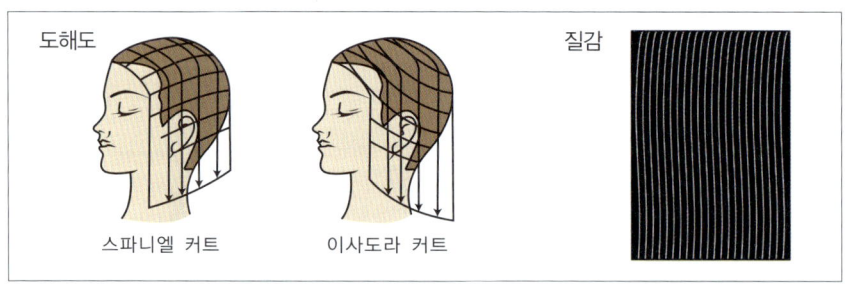

○ 원랭스 커트(스파니엘 · 이사도라 스타일)

체크 Point
- 두발에 층을 주지 않고 동일선상에서 커트되며, 매끄러운 질감이 표현된다.
- 정수리 부분에 머리모양은 두상의 곡면에 퍼지게 되며, 각진 형태가 된다.
- 스파니엘 스타일은 형태선이 앞쪽을 향해 길이가 길어지면서 앞내림 스타일이다.
- 이사도라 스타일은 형태선이 앞쪽을 향해 길이가 짧아지면서 앞올림 스타일이다.

(2) 스파니엘 · 이사도라 커트 실기 안내

① 요구사항

ㄱ 시간은 30분이다.

ㄴ 블로킹은 4등분이다.

ㄷ 네이프 포인트에서 10~11cm 길이로 한다.

ㄹ 앞뒤 수평선상의 단차는 4~5cm로 한다.

ㅁ 시술 순서를 정확히 하며 바른 자세로 시술한다.

ㅂ 시술순서 및 기법 상 한번 커트한 모발에 재차 커트하는 것은 허용되나, 요구된 각도와 단차가 없거나 조화가 잘 맞지 아니하여 재커트하는 경우 감점이다.

ㅅ 외곽선의 흐름과 단차를 정확히 하며 위그에 물을 적당히 적신다.

ㅇ 준비자세, 공구사용법과 기본기법을 정확히 숙지하여 시술한다.

ㅈ 마네킹의 모발에 물을 적당히 분무하여 곱게 빗질한 다음 시험시작과 함께 작업을 시작한다. 건조한 모발 상태로 시술한 경우 감점이다.

ㅊ 시험시간 종료 후에는 빗질 등을 하면서 작품 및 도구를 만져서는 안된다.

② 커트 시술절차

블로킹	4등분, 센터 파팅, 이어 투 이어 파팅
머리 위치	똑바로 = 약간의 앞숙임
슬라이스선	전대각(경사선 40~50°)=스파니엘, 후대각(경사선 40~50°)=이사도라
빗질방향	바닥을 향한 자연스런 빗질(자연분배)
시술각	∠0°
손가락 위치	슬라이스와 평행
스타일 완성	자연스러운 안말음

③ 배점 적용

기본기법 및 블로킹	• 전 과정에서 고루 적당하게 물을 축인다. • 두발을 4등분, 센터 파트, 이어 투 이어 파트
시술순서	• 젖은 두발 상태를 유지한다.　• 빗질을 자연 시술각 상태로 한다. • 길이 가이드는 정확하게 한다.　• 텐션을 균일하게 준다. • 커트용 가위와 빗을 사용한다.　• 슬라이스 폭은 1~1.5cm 정도로 한다. • 네이프 → 백 → 탑 → 사이드 → 프린지 순서로 시술한다.
숙련도	• 가위질, 빗질 손놀림　• 슬라이스 뜨는 기법　• 가위의 조작법 • 빗 잡는 방법과 조작법　• 네이프 길이 가이드 라인의 정확성
조화미	• 스파니엘 · 이사도라 커트 특성의 정확한 표현 여부 • 좌우 균형의 정확성 유지　• 외곽선의 흐름, 스타일의 조화

Part III 헤어커트

스파니엘 커트

완성

앞면

뒷면

우측

좌측

스파니엘 블로킹(4등분) 과정

01 두발에 물을 충분히 적신다. 센터 파팅한 후 직각으로 T.P에서 이어 투 이어(Ear to ear)로 나누어 곱게 빗질한 다음 두발이 흘러내리지 않도록 고정시킨다.

02 반대쪽도 동일한 방법으로 행한다.

03 T.P에서 N.P까지 센터 라인으로 나눠서 두발이 흘러내리지 않도록 고정시킨다.

04 반대쪽도 동일한 방법으로 4등분 블로킹을 완성시킨다.

Part III 헤어커트

🖌 완성된 블로킹 4등분

앞면

뒷면

우측

좌측

스파니엘 커트 과정

준비물

두발 길이 18인치 이상 마네킹, 홀더, 커트가위, 커트빗, 핀셋 6개, 얼레빗, S브러시, 분무기, 흰 타월 1장

01 두발에 수분을 충분히 분무하고 블로킹을 4등분한다. 마네킹의 머리 위치를 바르게 하고 네이프 라인에서 두발을 자연스럽게 빗질한다.

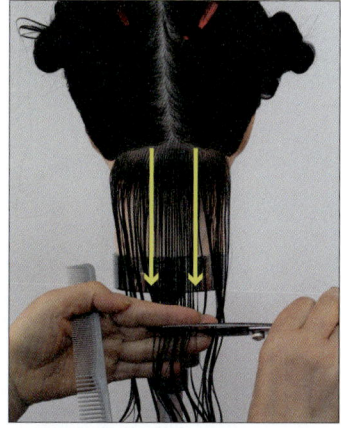

02 N.P에서 10~11cm 길이로 자른다. N.P의 중심점을 정확하게 하여 앞뒤 단차는 4~5cm가 되게 한다.

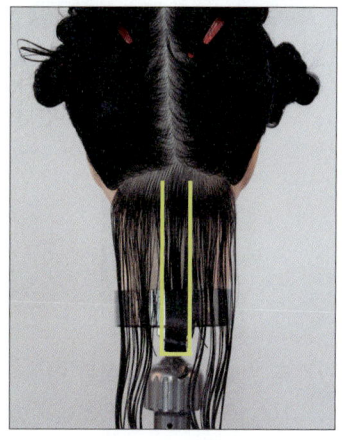

03 N.P 중심에서 약 2cm를 수평 라인으로 자른다.

04 N.P의 길이 가이드를 중심으로 우측이 길게 대각선이 되도록 자른다.

05 N.P의 길이 가이드를 중심으로 좌측이 길게 대각선이 되도록 자른다.

06 양쪽 N.S.P의 길이가 똑같게 전대각 라인이 되도록 한다.

Part III 헤어커트

> **체크 Point**
> - 블로킹 : 커트나 펌 와인딩 시술 시 두부 구분을 위해 나눈 것
> - 전대각 슬라이스 : 뒤쪽에서 앞쪽으로 기울어지는 대각선
> - 스파니엘 커트와 전대각 원랭스는 같은 디자인 라인이다.

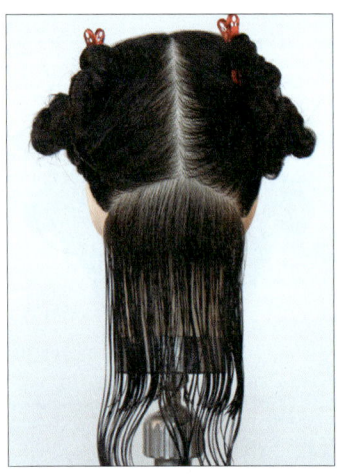

07 두 번째 슬라이스 폭을 약 1~1.5cm로 나눈 후 자연스럽게 빗어서 내린다.

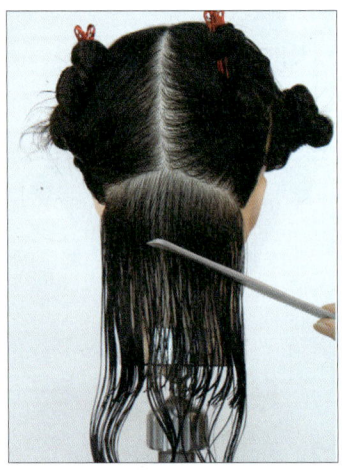

08 전대각 슬라이스와 빗을 평행하게 유지하고 가위는 두발을 커트하지 않을 때 엄지를 빼서 손바닥에 빗과 동시에 쥐고 빗질을 한다.

09 첫 번째 커트된 두발과 같이 빗질하여 대각선 길이 가이드를 따라 자른다.

10 자연스럽게 빗질한 뒤 첫 번째 길이 가이드 라인과 같은지 확인하여 자른 모습이다.

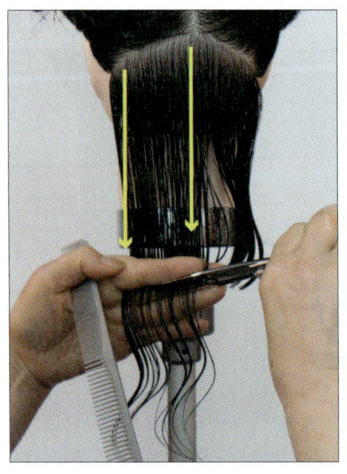

11 슬라이스는 1~1.5cm 폭으로 하며, 스트랜드의 양은 한 번에 자를 수 있는 만큼만 뜬다.

12 양쪽 N.S.P의 길이가 같은지 확인한다.

Hairdresser Performance Test

13 전대각 슬라이스와 같은 방향으로 빗질하면 평행하게 잘 나눌 수 있다. 빗질은 모근까지 깊게 한다.

14 N.P 중심을 기준으로 하여 ∠0°를 유지하면서 스파니엘 디자인 라인으로 자른다.

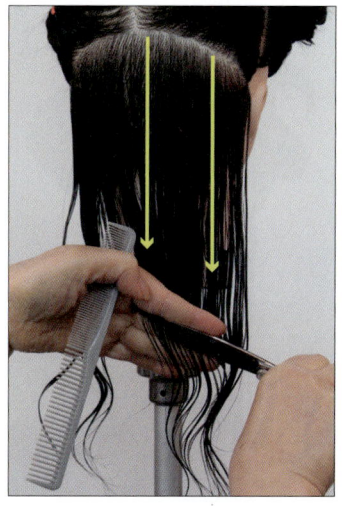

15 두 번째 가이드라인을 따라 우측을 대각선으로 자르면서 텐션을 강하게 또는 약하게 하지 않고 일정하게 한다.

16 우측 세 번째 대각선을 따라 커트된 모습이다.

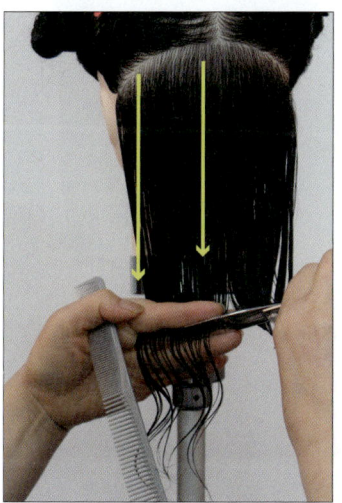

17 좌측도 우측과 같은 방법으로 경사각을 같게 자른다.

18 E.B.P의 길이는 양 사이드 두발 길이와 연결되기 때문에 정확한 대칭이 되었는지 확인한다.

> **체크 Point**
> - 대칭 : 점이나 직선 또는 평면의 양쪽에 있는 부분이 똑같은 형태를 가지게 될 때 사용하는 용어
> - 정중선 : 얼굴의 중심에 좌우로 나뉘는 선

Part III 헤어커트

19 세 번째 스파니엘 디자인 라인으로 커트된 모습이다.

20 두발에 물을 적정하게 분무하여 곱게 빗질한다. 건조한 두발 상태는 감점 대상이 된다.

21 두상의 곡면이 넓어지는 부분이기 때문에 빗질하면서 최소한의 텐션을 준다.

22 두발을 자연스럽게 빗질하여 왼손의 검지와 중지로 두발을 가볍게 잡은 후 고정날을 왼손 중지에 대고 자른다.

23 우측과 같은 방법으로 좌측도 두발을 자른다.

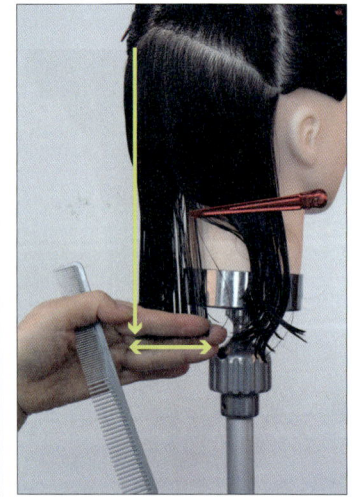

24 크레스트(Crest)까지 커트한 후 백 센터 라인(Back center line)을 수직으로 슬라이스하여 동일 선상의 길이로 커트되었는지 체크한다.

체크 Point

크레스트 부분 : 두부에서 가장 넓은 부분

Hairdresser Performance Test

25 스파니엘 디자인 라인으로 커트 된 모습이다.

26 정수리 부분은 방사선 방향으로 자연스럽게 떨어지도록 얼레살로 빗질을 하는 것이 중요하다.

27 스파니엘 디자인 라인의 흐름을 보면서 센터에서 양쪽으로 두발 길이가 대칭이 되도록 두발을 자른다.

28 아래 단계의 길이 가이드라인을 따라 대각선으로 자른다.

29 스파니엘 디자인 라인의 흐름을 따라 최소한의 텐션을 주면서 양쪽 길이가 대칭이 되도록 한다.

30 백(Back) 부분의 두발이 모두 잘린 스파니엘 스타일의 모습이다.

> **체크 Point**
> 정수리 부분 : 두부에서 가장 높은 부분

Part III 헤어커트

31 두상의 위치를 바르게 하고 우측 측면은 백 부분의 스파니엘 라인과 연결하여 대각 슬라이스 한다.

32 귀 주변은 볼록 나온 귀로 인해 텐션을 주면 디자인 라인이 달라질 수 있기 때문에 주의한다.

33 수평선상의 앞뒤 단차는 4~5cm 이다. 반드시 확인이 필요하다.

34 백(Back) 부분의 잘린 스파니엘 디자인 라인을 기준으로 대각선이 되도록 한다.

35 F.S.P에서부터는 헤어라인의 곡면을 따라서 얼레살로 빗질을 자연스럽게 여러 번 한다.

36 정중선을 기준으로 헤어라인을 따라 얼레빗살로 빗질을 자연스럽게 한다.

Hairdresser Performance Test

37 최소한의 텐션을 주면서 스파니엘 디자인 라인을 따라 손가락과 가위 위치가 평행하게 두발을 자른다.

38 우측 측면이 커트된 모습이다. N.S.P, E.B.P, S.C.P의 양쪽 두발 길이가 가이드 라인이 되기 때문에 확인을 하면서 커트한다.

39 백(Back) 부분의 스파니엘 라인과 연결하여 좌측 측면은 대각으로 나눈다.

40 수평선상의 앞뒤 단차는 4~5cm이며, 우측 S.C.P 두발 길이와 대칭이 되도록 자른다.

41 슬라이스와 손가락 위치, 가위 위치가 평행이 되도록 한다.

42 자연스럽게 얼레살로 정확한 빗질을 해야만 외곽선의 흐름이 완벽하게 표현된다.

Chapter 03 | 헤어커트의 기본형

Part III 헤어커트

43 정중선을 중심으로 우측과 좌측의 빗질되는 방향과 각도가 똑같게 한다.

44 좌측도 우측과 같은 방법이다. 스파니엘 디자인 라인은 뒤쪽에서 앞쪽으로 커트를 진행한다.

45 측면의 스파니엘 디자인 라인이 완성된 모습이다.

체크 Point

- 커트 도구와 준비, 블로킹을 깔끔하게 한다.
- 작업 순서와 작업 과정을 정확히 한다.
- 슬라이스, 빗질, 가위 사용을 정확히 한다.
- 각 커트의 특성에 맞게 조화미를 갖게 한다.

Hairdresser Performance Test

이사도라 커트

앞면

뒷면

우측

좌측

이사도라 블로킹(4등분) 과정

01 두발에 물을 충분히 적신다. 센터 파팅한 후 직각으로 T.P에서 이어 투 이어(Ear to ear)로 나누어 곱게 빗질한 다음 두발이 흘러내리지 않도록 고정시킨다.

02 반대쪽도 동일한 방법으로 행한다.

03 T.P에서 N.P까지 센터 라인으로 나눠서 두발이 흘러내리지 않도록 고정시킨다.

04 반대쪽도 동일한 방법으로 4등분 블로킹을 완성시킨다.

완성된 블로킹 4등분

앞면

뒷면

우측

좌측

Part III 헤어커트

이사도라 커트 과정

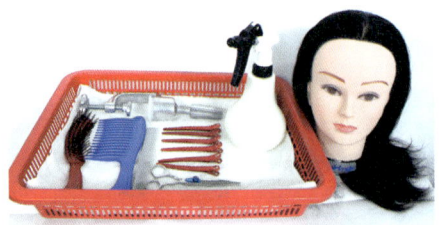

준비물
두발 길이 18인치 이상 마네킹, 홀더, 커트가위, 커트빗, 핀셋 6개, 얼레빗, S브러시, 분무기, 흰 타월 1장

01 두발에 수분을 충분히 분무하고 블로킹은 4등분한다. 마네킹의 머리위치를 바르게 하고 네이프 라인에서 곡선으로 슬라이스하여 자연스럽게 빗어 내린다.

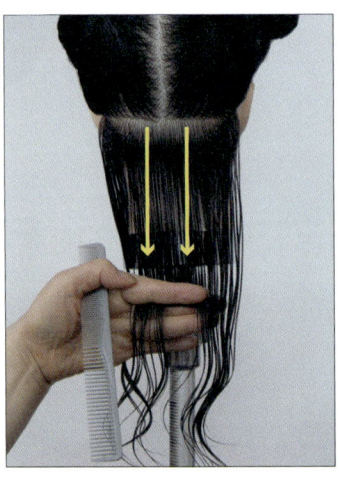

02 N.P에서 두발의 길이 가이드를 10~11cm로 하고 네이프 중심에서 약 2~3cm를 수평으로 자른다. 앞뒤 단차는 4~5cm이다.

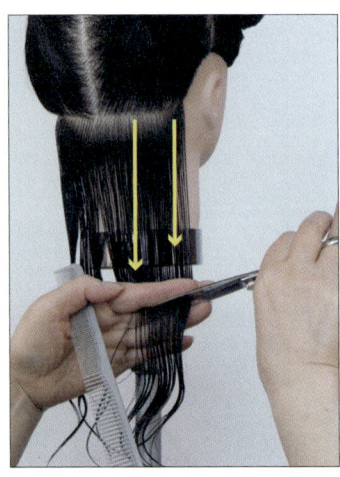

03 네이프의 중심 길이보다 양쪽 N.S.P의 두발 길이를 짧게 하여 곡선이 되도록 자른다.

Hairdresser Performance Test

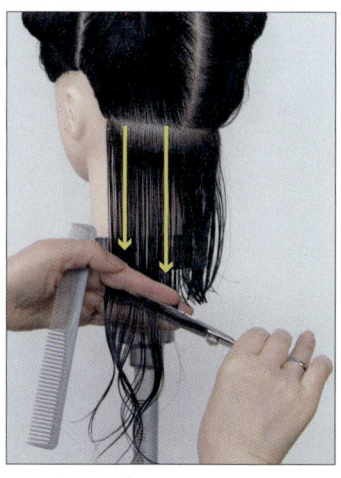

04 자연 시술각 상태에서 자연스러운 텐션을 주면서 곡선으로 자른다.

05 첫 번째 슬라이스를 자른 후에 N.S.P의 길이가 대칭이 되는지 곡선의 디자인 라인이 유연한지 확인한다.

06 두 번째 두발을 자연시술각 상태로 빗어 내린 후 중심에서 첫 번째 길이 가이드에 맞추어 수평으로 자른다.

체크 Point

- 텐션 : 당기는 힘
- 대칭 : 시각적으로 볼 때 좌우가 평행상태인 균형
- 자연시술각 : 두상에서 두발이 자연스럽게 매달린 상태

07 두상의 곡면을 따라 몸을 좌우로 이동하면서 자른다. 두발을 당기거나 밀면서 자르지 않도록 한다.

08 빗질을 할 때 두발이 두상에 매달린 상태를 유지하는 것이 가장 정확한 이사도라 스타일로 자를 수 있는 방법이다.

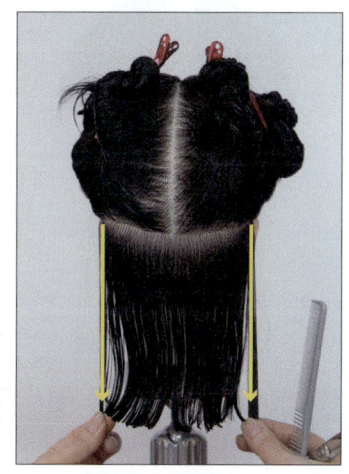

09 양쪽의 길이가 대칭이 되는지 확인한다.

Chapter 03 | 헤어커트의 기본형

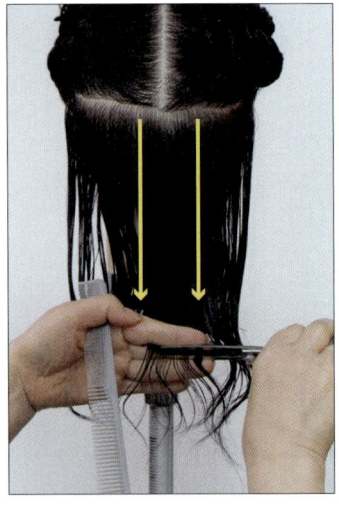

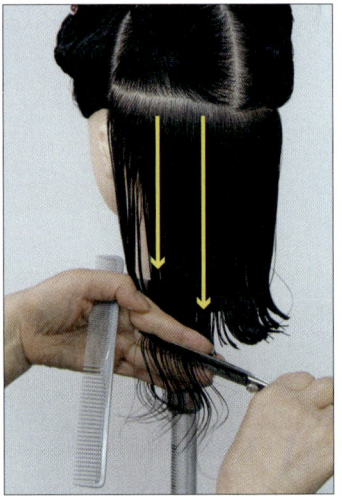

10 곡선의 슬라이스는 이사도라 디자인 라인과 평행하도록 한다.

11 중심에서 우측으로 이동하면서 강한 텐션이 되지 않도록 한다.

12 중심에서 좌측으로 이동하면서 손 자세를 바르게 유지하면서 진행한다.

체크 Point
평행 : 한 평면 위에 두 직선이 서로 만나지 않는 것

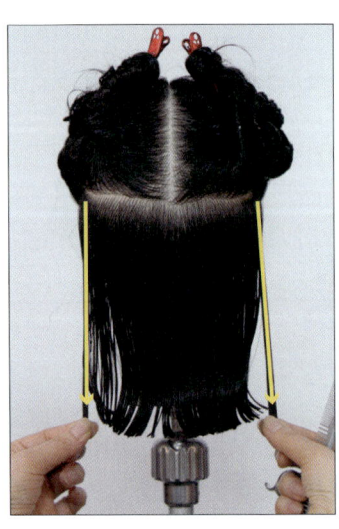

13 E.B.P의 두발은 양 사이드 길이와 연결되므로 아주 중요한 부분이다. 길이 가이드가 대칭이 되도록 한다.

14 슬라이스와 같은 방향으로 빗질하면 정확하게 곡선 슬라이스를 나눌 수 있다.

15 B.P 윗부분의 두발은 두상 곡면의 영향을 많이 받기 때문에 자연스럽게 빗질하면서 최소한의 텐션만 준다.

Hairdresser Performance Test

16 자연시술각 상태에서 두발을 자르는 자세가 중요하다.

17 빗질은 모근까지 깊게 빗질하여 두발이 엉키지 않도록 한다.

18 우측의 두발을 자른 후 이사도라 라인이 되는지 확인한다.

19 두발을 자르는 과정에서도 적당한 수분이 유지되도록 분무를 계속한다. 건조한 두발 상태는 감점 대상이다.

20 이사도라 라인이 유연하고 양쪽 대칭이 되는지 확인한다.

21 수평으로 두발을 자르기 때문에 수직으로 크로스 체크하여 본다.

Part III 헤어커트

22 좌측으로 이동하면서 손가락 위치와 빗 쥐는 자세, 손놀림 등을 유연하게 하여 두발을 자른다.

23 정수리 두발은 자연시술각 상태에서 텐션이 전혀 들어가지 않도록 얼레살로 방사선 방향으로 빗어준다.

24 이사도라 디자인 라인의 흐름을 보면서 양쪽 길이가 대칭이 되도록 한다.

25 백(Back) 부분의 두발이 모두 잘린 곡선형의 이사도라 스타일 모습이다.

26 사이드는 후대각 슬라이스하여 두발을 내려놓은 후 두상의 위치를 바르게 하고 앞뒤 단차가 4~5cm 되는 라인을 빗으로 확인한다.

27 백 부분의 길이와 연결된 후대각이다. 볼록 나온 귀 때문에 텐션을 주면 디자인 라인이 달라질 수 있기 때문에 주의한다.

체크 Point
후대각 슬라이스 : 앞에서 뒤쪽으로 기울이는 대각선

Hairdresser Performance Test

28 디자인 라인과 빗질을 평행하게 하면서 후대각 슬라이스를 1~1.5cm 폭으로 한다.

29 후대각 슬라이스와 빗질을 평행하게 하면 이사도라 디자인 라인을 정확하게 자를 수 있다.

30 센터 파팅한 다음 프린지 부분은 헤어라인의 곡면을 따라 얼레살로 자연스럽게 빗질한다.

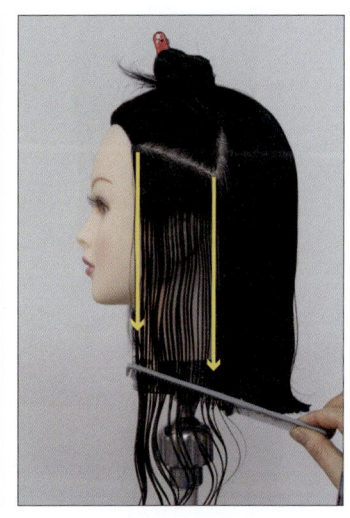

31 F.S.P에서부터는 헤어라인 곡면을 따라서 얼레살로 자연스럽게 여러 번 빗질을 하여 들쑥날쑥한 두발이 없도록 한다.

32 후대각 디자인 라인이 커트된 모습이다.

33 좌측 측면은 백 부분의 형태선과 연결하여 앞뒤 단차를 4~5cm로 자른다.

Part III 헤어커트

34 S.C.P의 우측 길이와 대칭이 되는지 확인한다.

35 센터 백 부분의 커트된 곡선 디자인 라인과 옆면을 후대각 라인으로 자른다.

36 후대각 슬라이스를 한 상태이다.

37 얼레살로 빗질을 자연스럽게 한 후 이사도라 라인으로 자른다.

38 좌측 옆면이 커트된 모습이다.

02 그래듀에이션 커트

그래듀에이션 커트는 작은 단차를 주면서 두발 끝의 잘린 면이 서로 겹쳐서 쌓여있는 것처럼 보이며, 생동감과 입체감을 만들어 내는 스타일이다.

(1) 그래듀에이션 커트의 특징

① **모양** : 기본적으로 삼각형 모양을 갖는다.
② **도해도** : 네이프에서 탑으로 갈수록 두발 길이가 길어진다.
③ **질감** : 탑 부분은 매끄럽고 네이프 부분은 거친 질감이 된다.
④ **시술각** : 표준 시술각의 45°이다. 낮은 시술각은 1~30°, 중간 시술각은 31~60°, 높은 시술각은 61~89°이다. N.P → B.P까지는 30~40° 시술각으로 하고, B.P → T.P까지는 낮은 시술각 또는 고정 디자인 라인으로 한다.

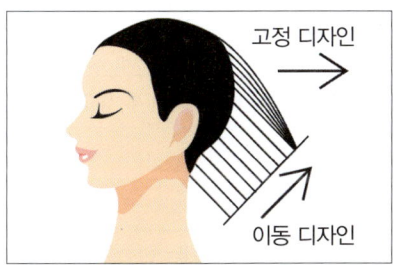

⑤ **무게선** : 두발의 긴 길이가 떨어지는 위치이다. 그래듀에이션형의 무게선은 라운드 디자인 라인이다.

스타일

도해도

질감

◎ 그래듀에이션 커트

(2) 그래듀에이션 커트 스타일 실기

① 요구사항

㉠ 시간은 30분이다.
㉡ 블로킹은 5등분이다.
㉢ 네이프 포인트에서 10~11cm 길이로 한다.
㉣ 로우 그래듀에이션형 커트(∠30~40°)
㉤ 시술 순서를 정확히 하며, 바른 자세로 시술한다.
㉥ 시술순서 및 기법 상 한번 커트한 모발에 재차 커트하는 것은 허용되나, 요구된 각도와 단차가 없거나 조화가 잘 맞지 아니하여 재커트하는 경우 감점이다.
㉦ 외곽선의 흐름과 단차를 정확히 하며, 두발에 물을 적당히 적신다.
㉧ 준비자세, 공구사용법과 기본기법을 정확히 숙지하여 시술한다.
㉨ 마네킹의 모발에 물을 적당히 분무하여 곱게 빗질한 다음 시험시작과 함께 작업을 시작한다. 건조한 모발 상태로 시술한 경우 감점이다.
㉩ 시험시간 종료 후에는 빗질 등을 하면서 작품 및 도구를 만져서는 안된다.

② 커트 시술절차

블로킹	5등분 – 프린지, 센터 파트, 이어 투 이어
머리 위치	앞숙임 / 똑바로
슬라이스선	라운드 / 곡선
빗질 방향	슬라이스선에서 90°로 빗질되는 방향(직각분배)
시술각	N.P → B.P = ∠30~40°, B.P → T.P = ∠10° / 고정 디자인 라인
손가락 위치	슬라이스와 평행
스타일 완성	센터 파트의 자연스런 안말음

③ 배점 적용

기본기법 및 블로킹	• 시술하는 동안 바른 시술자세와 두발에 적당한 물을 축인다. • 5등분 블로킹, 센터 파트, 이어 투 이어, 프린지
시술순서	• 젖은 두발 상태 유지, 빗질을 정확하게 한다. • 길이 가이드 라인은 네이프 포인트에서 10~11cm로 하며, 네이프 → 백 → 탑 → 사이드 → 프린지 순서로 시술한다.
숙련도	• 가위질, 빗질, 손놀림, 슬라이스 뜨는 기법 • 가위의 조작법, 빗 잡는 방법과 조작법 • 네이프 가이드 라인의 정확성
조화미	• 좌우 균형의 정확성을 유지하여야 한다. • 그래듀에이션형의 특성을 정확하게 표현하여야 한다. • 무게선의 곡선이 자연스럽게 연결되면서 잘린 면의 단차가 균일하여야 한다.

그래듀에이션 커트

앞면

뒷면

우측

좌측

Part III 헤어커트

🪮 그래듀에이션 블로킹(5등분) 과정

01 두발에 물을 충분히 적신 후 머리 위치를 바르게 한다. C.P를 중심으로 약 7cm 넓이로 구분하고 T.P에서 직각으로 구분한 두발을 곱게 빗어 고정한다.

02 양쪽 사이드 두발을 T.P에서 E.B.P까지 곡선으로 나누어서 곱게 빗은 뒤, 핀셋으로 고정한다.

03 센터 백 파트하여 왼쪽으로 빗질한 후 핀셋으로 고정한다.

04 오른쪽으로 빗질한 후 두발을 깔끔하게 빗은 뒤 고정시킨다.

Hairdresser Performance Test

🪮 완성된 블로킹 5등분

앞면

뒷면

우측

좌측

Part III 헤어커트

그래듀에이션 커트 과정

준비물

두발 길이 18인치 이상 마네킹, 홀더, 커트가위, 커트빗, 핀셋 6개, 얼레빗, S브러시, 분무기, 흰 타월 1장

01 두발에 물을 충분히 분무하여 블로킹 5등분한다. 마네킹의 위치는 약간 앞숙임 상태로 한다. 네이프 라인에서 곡선 슬라이스하여 자연스럽게 빗어 내리며, 슬라이스 폭은 1.5~2cm로 한다.

02 N.P에서 길이 가이드를 10~11cm로 하고, N.P 중심에서 약 2cm 넓이를 수평으로 자르고 각도는 0°로 한다.

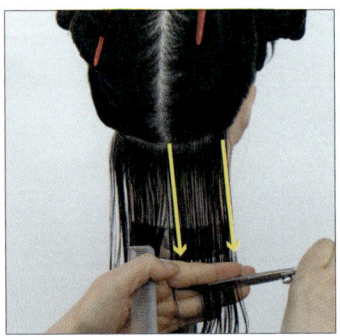

03 N.P 길이를 중심으로 곡선이 되도록 우측과 좌측 모두 자른다.

Hairdresser Performance Test

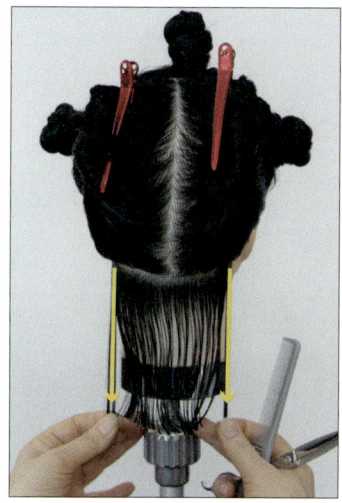

04 양쪽 길이가 대칭이 되면서 곡선 디자인이 되는지 확인한다.

05 곡선 슬라이스를 하기 위해 빗의 얼레살을 오른쪽에서 센터쪽으로 약간의 곡선으로 빗질하면 정확한 슬라이스를 할 수 있다.

06 두 번째는 슬라이스의 폭을 2cm로 하여 자연스럽게 두발을 빗어 내린 후 시술각은 약 30°로 들어준다.

07 센터 라인 중심에서 빗질을 곱게 하여 손가락 위치를 슬라이스와 평행하도록 한다.

08 우측으로 이동하면서 직각분배 하고 1단계 길이 가이드를 확인하면서 자른다.

09 우측 두 번째의 잘린 면이 곡선으로 표현된 것을 알 수 있다.

Part III 헤어커트

10 좌측도 낮은 시술각을 유지하고 직각분배한다.

11 양쪽 길이 가이드가 대칭이 되도록 한다.

12 세 번째 시술각은 약 30°를 유지한다.

13 두 번째 길이 가이드를 확인하면서 센터 라인 중심에서 먼저 자른다.

14 센터 라인 길이와 동일하게 연결하면서 자른다. 슬라이스와 손가락 위치가 평행하지 않으면 귀 주변으로 갈수록 길이가 길어지거나 짧아질 수 있으니 주의해야 한다.

15 좌측으로 자세를 이동하면서 센터 라인의 길이 가이드와 연결시키며 시술각을 동일하게 유지한다.

16 두상 곡면을 따라서 라운드 슬라이싱을 한 후 두발에 충분히 분무를 한다.

17 백 부분에서 시술각을 정확히 한다.

18 E.B.P의 길이 가이드는 양 사이드 길이와 연결되므로 양쪽 대칭이 되도록 한다.

19 센터 라인을 수직으로 슬라이스 하여 낮은 시술각을 확인한다.

20 크레스트 부분부터는 B.P 위치의 길이 가이드에 고정시킨다. 크레스트 위쪽으로는 약 5~10° 시술각을 들어 크라운의 두발이 길어질 수 있도록 두발을 자른다.

21 곡선 슬라이스와 직각이 되도록 빗질하고, 4단계 길이 가이드에 잘 연결될 수 있도록 자른다.

Part III 헤어커트

22 로우 그래듀에이션형의 미세한 단차를 볼 수 있다. 양쪽 측중선 두발 길이가 대칭이 되는지 수시로 체크한다.

23 백(Back)에서 커트한 부분을 수직으로 들어서 로우 시술각인지 확인한다.

24 정수리로 갈수록 두발에 적당한 수분을 공급하고 자연스럽게 빗질한 모습이다.

25 정수리쪽으로 이동하면서 직각분배를 정확히 하고 자세도 바르게 한다.

26 크라운 부분의 시술각을 보여준다.

27 정수리 부분 두발을 모류에 따라 방사선 방향으로 빗질한다.

체크 Point
직각분배는 곡선 슬라이스에서 90°로 빗질하는 방향이다.

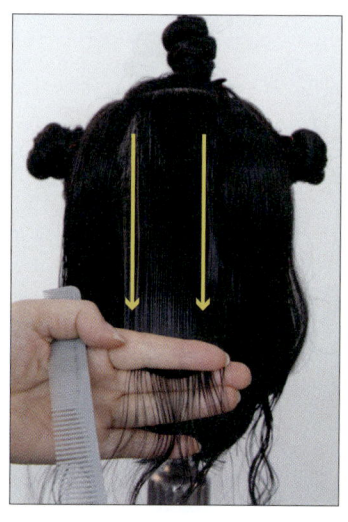

28 아래 단계의 길이 가이드와 시술각을 연결하여 두발에 장단이 생기지 않도록 자른다.

29 우측으로 이동하면서 잘린 면이 라운드가 되도록 한다.

30 좌측도 동일한 방법으로 한다.

31 커트된 뒷모습의 무게선이 선명하지 않도록 한다.

32 우측 사이드 커트하기 전에 두상의 위치를 바르게 하고 이어 투 이어(Ear to ear)에 커트되었던 길이 가이드를 1cm 가져온다.

33 이어 투 이어(Ear to ear) 길이 가이드와 첫 번째 슬라이스는 수평이 되도록 하고 낮은 시술각으로 자른다.

Part III 헤어커트

34 첫 번째 커트를 한 후 E.B.P에서 N.S.P로 연결하여 형태선을 커트한다.

35 사이드에서 디자인 라인은 수평이 되며 이어 투 이어(Ear to ear) 길이 가이드를 기준으로 낮은 시술각으로 자른다.

36 정수리에 잘린 면과 사이드를 자연스럽게 연결할 때 몸도 같이 이동하면서 자른다.

37 로우(Low) 그래듀에이션 스타일로 커트된 모습이다.

38 수직으로 들어서 로우 시술각이 잘 되었는지 확인한다.

39 우측과 동일한 방법으로 한다. 좌측 사이드 커트하기 전에 이어 투 이어(Ear to ear)에 커트되었던 길이 가이드를 1cm 가져온다.

Hairdresser Performance Test

40 수평으로 슬라이스하여 자연스럽게 커트한 상태이다. 좌우 S.C.P의 두발 길이가 같은지 확인한다.

41 첫 번째 커트한 후 E.B.P와 N.S.P를 연결하여 형태선을 만들어준다.

42 사이드를 수직으로 슬라이스하여 잘린 면을 확인한다.

43 사이드 커트된 모습이다.

44 프린지는 센터파트하고 파팅을 2개로 나누어서 우측에서부터 커트한다.

45 좌측 프린지를 사이드에 잘린 시술각과 정수리의 두발 길이와 연결하여 자른다.

Part III 헤어커트

46 헤어라인을 따라 자연스런 빗질을 한다.

47 동일한 방법으로 자른다.

48 프린지가 완성된 모습이다.

03 레이어 커트

전체적으로 두발 길이가 같아서 무게감이 보이지 않고 두상 곡면과 평행을 이루는 가벼운 움직임을 나타내는 스타일이다.

(1) 유니폼 레이어 커트의 특징

① **모양** : 두상 곡면과 같은 둥그런 모양을 갖는다.
② **도해도** : 네이프에서 탑 부분까지 길이가 같다.
③ **질감** : 커트된 두발 끝에 거친 질감이 보인다.
④ **시술각** : 두상 곡면에서 90°이다.

스타일

도해도

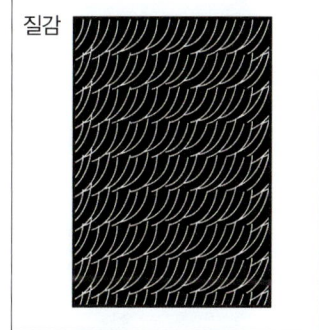
질감

○ 레이어 커트

체크 Point
- 크라운 부분 : 가로-세로 전체 연결하여 체크 커트하고, 콤 아웃(빗으로 마무리)한다.
- 커트가 완성된 후에는 작품의 특성을 잘 나타낼 수 있도록 빗질을 한 후 조용히 작업대 주위와 바닥에 떨어진 머리카락을 정리하여 주변을 깨끗하게 한다.

(2) 유니폼 레이어 커트 실기

① **요구사항**
  ㉠ 시간은 30분이다.
  ㉡ 블로킹은 5등분이다.
  ㉢ 네이프 포인트에서 12~14cm 길이로 한다.
  ㉣ 유니폼 레이어형이다.

ⓜ 시술 순서를 정확히 하며 바른 자세로 시술한다.
ⓗ 시술 순서 및 기법상 한번 커트한 모발에 재차 커트하는 것은 허용되나, 요구된 각도와 단차가 없거나 조화가 잘 맞지 아니하여 재커트하는 경우 감점이다.
ⓢ 외곽선의 흐름과 단차를 정확히 하며 두발에 물을 적당히 적신다.
ⓞ 준비자세, 공구사용법과 기본기법을 정확히 숙지하여 시술한다.
ⓩ 마네킹의 모발에 물을 적당히 분무하여 곱게 빗질한 다음 시험시작과 함께 작업을 시작한다. 건조한 모발 상태로 시술한 경우 감점이다.

체크 Point
레이어형 커트 다음 과제는 롤러 컬이다.

② 커트 시술절차

블로킹	프린지, 센터 파트, 이어 투 이어 (Ear to ear)
머리 위치	앞숙임 / 똑바로
슬라이스선	곡선 / 피봇(방사선)
빗질 방향	슬라이스선에서 90°로 빗질되는 방향(직각분배)
시술각	두상 곡면에서 ∠90°
손가락 위치	슬라이스와 평행
스타일 완성	과제물의 도면과 같게 한다.

③ 배점 적용

기본기법 및 블로킹	• 시술하는 동안 바른 시술자세를 하고, 두발에 적당한 물을 축인다. • 5등분 블로킹, 센터 파트, 이어 투 이어, 프린지
시술순서	• 젖은 두발 상태를 유지하고, 빗질을 정확하게 한다. • 길이 가이드 라인은 네이프 포인트에서 12~14cm 정도로 하며, 네이프 → 백 → 탑 → 사이드 → 프린지 순서로 시술한다.
숙련도	• 가위질, 빗질, 손놀림, 슬라이스 뜨는 기법 • 가위의 조작법, 빗 잡는 방법과 조작법 • 네이프 가이드 라인의 정확성
조화미	• 유니폼 레이어형의 특성을 정확하게 표현하여야 한다. • 좌우 균형의 정확성을 유지하여야 한다. • 무게선이 없는 자연스럽고 가벼운 움직임을 나타내며, 전체적으로 층을 이룬다.

레이어 커트

| 앞면 | 뒷면 |
| 우측 | 좌측 |

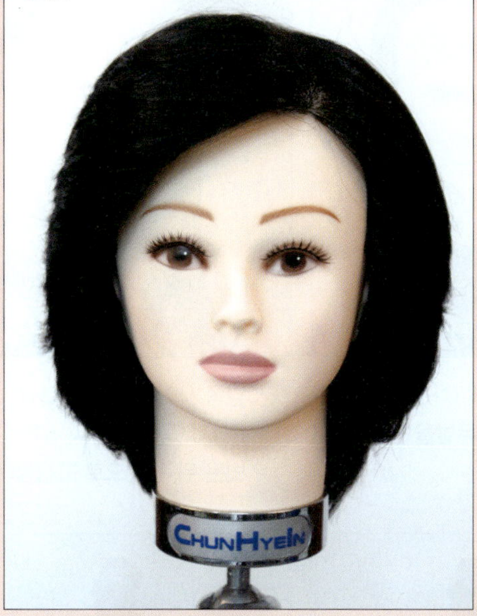

Chapter 03 | 헤어커트의 기본형

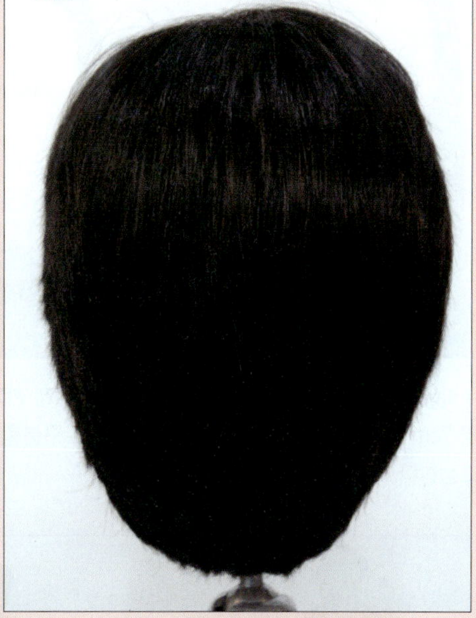

유니폼 레이어형 블로킹(5등분) 과정

01 두발에 물을 충분히 적신 후 머리 위치를 바르게 한다. C.P를 중심으로 약 7cm 넓이로 구분하고 T.P에서 직각으로 구분한 두발을 곱게 빗어 고정한다.

02 양쪽 사이드 두발을 T.P에서 E.B.P까지 곡선으로 나누어서 곱게 빗은 뒤, 핀셋으로 고정한다.

03 센터 백 파트하여 왼쪽으로 빗질한 후 핀셋으로 고정한다.

04 오른쪽으로 빗질한 후 두발을 깔끔하게 빗은 뒤 고정시킨다.

체크 Point

- 블로킹 : 스타일을 디자인하기 위해 크게 구분하는 것으로, 작품에 따라서 블로킹이 달라지지만 정확한 구분은 작품의 정확성과 조화미에 큰 영향을 끼친다.
- 블로킹 시술 순서는 채점과 무관함

완성된 블로킹 5등분

앞면

뒷면

우측

좌측

Part III 헤어커트

유니폼 레이어 커트 과정

준비물

두발 길이 18인치 이상 마네킹, 홀더, 커트가위, 커트빗, 핀셋 6개, 얼레빗, S브러시, 분무기, 흰 타월 1장

01 두발에 물을 충분히 분무하여 블로킹 5등분한 후 마네킹의 위치는 약간의 앞숙임 상태에서 네이프 라인을 곡선으로 슬라이스하여 자연스럽게 빗어 내린다. 첫 번째 슬라이스 폭은 약 2cm로 한다.

02 N.P에서 길이 가이드를 12~14cm로 하여 네이프 중심에서 약 2cm 넓이를 수평으로 자르고 각도는 0°로 한다.

03 N.P 길이 가이드를 중심에서 동일한 길이를 곡선이 되도록 우측을 자른다.

Hairdresser Performance Test

04 N.P에서 좌측으로 이동하면서 자연스러운 곡선이 되도록 자른다.

05 두 번째는 곡선 슬라이스에서 직각으로 빗질을 하여 두상 곡면에서 시술각 90°로 들어 빗는다. 첫 번째 길이 가이드와 두발 길이가 동일하게 자른다.

06 네이프 중심에서 수평으로 자르고 양쪽으로 곡선 슬라이스와 손가락 위치는 평행으로 한다.

07 우측으로 이동하면서 일정한 시술각을 유지하면서 두발을 자른다.

08 좌측으로 이동하면서 두상 곡면에서 90° 시술각을 유지하고 몸 자세도 같이 움직이면서 자른다.

09 양쪽 길이 가이드가 대칭이 되는지 확인한다.

Chapter 03 | 헤어커트의 기본형 **131**

10 세 번째 슬라이스를 내려놓은 상태이다.

11 두상의 곡면에서 시술각을 90°로 빗어줄 때 빗을 아래서 위로, 위에서 아래로 하면서 빗질한다.

12 두 번째에서 자른 길이 가이드를 확인하면서 센터라인부터 자르며, 시술각이 움직이지 않도록 안정감 있는 자세를 취한다.

13 우측으로 조금씩 이동하면서 직각분배를 한다.

14 좌측으로 이동하면서 센터라인의 길이 가이드와 연결하면서 시술각은 90°를 유지한다.

15 백 포인트 시술각은 매우 중요하기 때문에 두상 곡면에서 90°로 빗어 세 번째 길이 가이드를 확인한 다음 자른다.

Hairdresser Performance Test

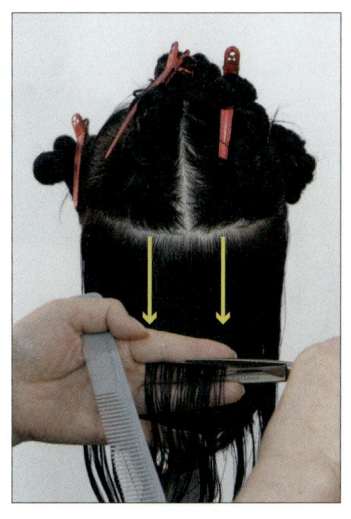

16 센터라인에서 우측으로 이동하면서 시술각은 90°로 하고 손 자세는 양 손바닥이 마주보게 한다.

17 직각분배를 정확하게 해야 하며, 슬라이스와 손가락 위치는 평행하게 유지한다.

18 센터라인의 길이와 양쪽 E.B.P 길이는 동일하게 하고, 잘린 면은 곡선이 되게 한다.

19 빗질은 슬라이스와 직각 방향이 되게 한다.

20 아래 길이 가이드와 양 옆 길이 가이드를 확인하면서 자른다. 두상의 곡면으로 인해 두발 길이 차이가 많이 생길 수 있는 부분이다.

21 곡선 슬라이스를 하기 위해서 가장 이상적인 빗질이다.

Chapter 03 | 헤어커트의 기본형 **133**

22 네이프에서 백 포인트까지 커트한 두발을 수직으로 ∠90° 들어서 연결선을 확인한다.

23 커트하는 동안에도 머리카락이 적당한 수분을 유지하도록 분무를 계속한다.

24 탑 부분으로 위치가 이동할수록 시술각이 높게 느껴진다.

25 슬라이스와 손가락 위치가 평행하지 않으면 귀 주변으로 갈수록 두발 길이가 길어지거나, 짧아질 수 있다.

26 크레스트 지역은 두상에서 제일 넓은 부분이다. 두상 곡면에서 시술각 90°를 유지하기 위해서는 위·아래 빗질의 정확성이 중요하다.

27 양쪽 길이 가이드를 확인하면서 계속 커트한다.

Hairdresser Performance Test

28 탑 부분의 두발이 너무 길면 약 20cm 길이를 남기고 한번에 자른다. 두발을 그대로 커트해도 무방하다.

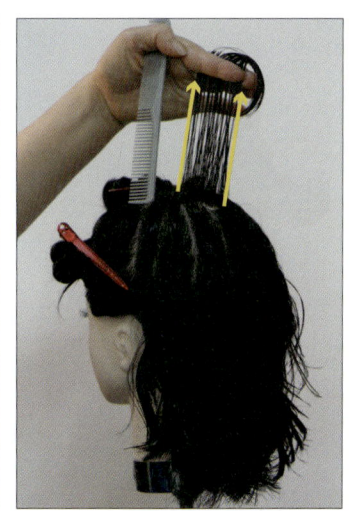

29 크레스트(Crest) 지역의 커트된 길이 가이드와 동일한 길이로 T.P까지 연결하여 커트한다.

30 좌측, 우측, 모두 다 동일한 테크닉으로 커트한다. T.P의 두발 길이는 12~14cm이다.

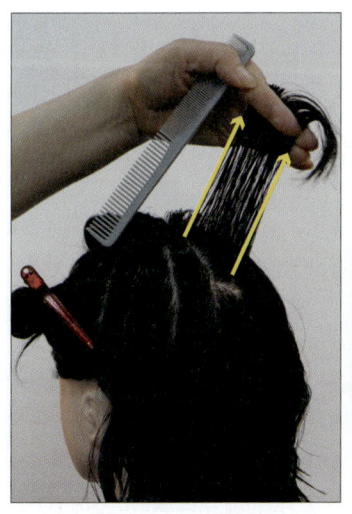

31 두상 곡면에서 90°로 들어 빗질은 직각으로 하고 손가락 위치는 두상과 평행하게 한다. 손자세는 손바닥이 아래로 향하게 하여 커트한다.

32 슬라이스 폭을 넓게 뜨면 두발 길이에 장단이 생길 수 있다.

Part III 헤어커트

33 탑 부분의 좌측 레이어 커트가 완성된 모습이다.

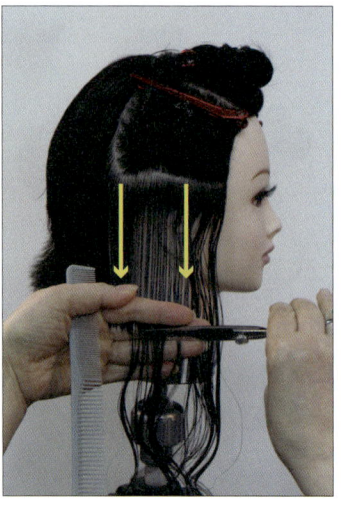

34 우측 사이드 커트하기 전, 측중선 길이 가이드를 1cm 정도 가져온다.

35 사이드 두발을 수평으로 슬라이스하여 자연스럽게 빗은 상태에서 측중선의 길이 가이드에 맞추어 자른다.

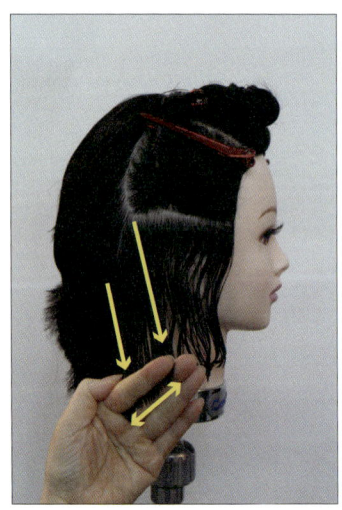

36 첫 번째 자른 후 E.B.P와 N.S.P를 연결하여 형태선을 다듬는다.

37 두 번째 수평 슬라이스에 90° 시술각으로 하여 측중선 길이 가이드와 연결해서 자른다.

38 빗질을 위아래로 정확히 해서 길이의 길고 짧음이 없도록 한다.

39 탑 부분으로 갈수록 손의 위치는 더 높이 들어주어야 한다.

40 사이드를 수평으로 커트한 후 수직으로 슬라이스하여 커트된 시술각을 체크한다. 두발의 길이는 12~14cm이며, 두상과 평행한 라운드로 형태선이 표현되어야 한다.

41 사이드 부분의 레이어 커트된 모습이다.

42 왼쪽 사이드 커트하기 전에 측중선에 커트되었던 길이 가이드를 1cm 정도 가져온다.

43 우측 길이 가이드와 좌측 길이 가이드가 대칭이 되도록 한다.

44 수평으로 슬라이스하여 측중선 길이 가이드와 연결해서 자른 모습이다.

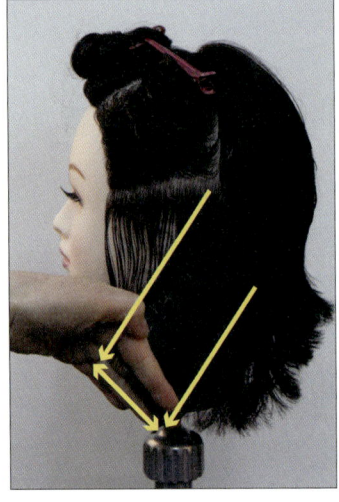

45 사이드 라인과 네이프 사이드 라인이 곡선으로 연결되는지 확인한다.

46 두 번째 슬라이스를 90° 시술각으로 들어 직각분배하여 자른다.

47 탑 부분으로 갈수록 손 위치는 두상 곡면에서 ∠90° 시술각으로 들어준다.

48 프린지 두발 길이가 너무 길면 작업에 방해가 되므로 약 20cm 길이에서 한 번에 블런트 커트하여 잘라낸다. 두발을 그대로 커트해도 무방하다.

49 프린지 디자인 라인은 양쪽 F.S.P 길이에 맞추어 자연스럽게 12~14cm로 자른다. 좌·우 사이드 헤어라인의 두발 길이를 연결한다.

Hairdresser Performance Test

50 프린지 센터라인에서 T.P의 길이와 연결 라인을 빗으로 확인한다.

51 두상 곡면에서 90° 시술각으로 T.P에서 C.P로 이동하면서 자른다.

52 T.P에서 두발의 길이는 12~14cm이다.

53 센터라인 길이 가이드를 중심으로 우측을 수직으로 슬라이스하여 90°로 들어 양쪽의 길이 가이드와 연결하여 자른다.

54 좌측을 수직으로 슬라이스하여 90°로 들어서 양쪽의 길이 가이드와 연결하여 자른다.

Chapter 03 | 헤어커트의 기본형　139

Part III 헤어커트

55 프린지 레이어 커트를 완성한 다음 크로스하여 들어보면 두상 곡면과 평행한 곡선 디자인 라인이 된다.

56 유니폼 레이어 커트가 완성된 모습이다.

재커트(15분 커트)

(1) 재커트 방법

① 재커트는 스파니엘, 이사도라, 그래듀에이션 커트를 퍼머넌트 와인딩을 하기 위한 준비커트라고 할 수 있다. 15분 안에 원하는 길이로 자르기 위해서는 슬라이스의 폭을 3cm로 하여 빠르게 시술해야 한다. 시술각은 두상 곡면에서 90°로 들어서 자른다. 유니폼 레이어 스타일처럼 자르면 된다.

② 이사도라, 스파니엘 스타일은 3등분으로 블로킹한 후 ㉢ - ㉡ - ㉠ 순으로 커트하고, 그래듀에이션 스타일은 2등분 블로킹으로 하여 ㉠ - ㉡ 부분을 같은 방법으로 자른다 (재 커트 자르는 순서는 ㉠ - ㉡ - ㉢ 순으로 연결해도 무방하다).

③ C.P=13cm, G.P=13cm, B.P=12cm, N.P=11cm 길이로 자른다. 두발이 짧으면 퍼머넌트 제2형 과제 시 와인딩에 어려움이 있다.

(2) 재커트(15분 커트) 과정

준비물

마네킹, 홀더, 가위, 커트빗, 분무기, 핀셋

Part III 헤어커트

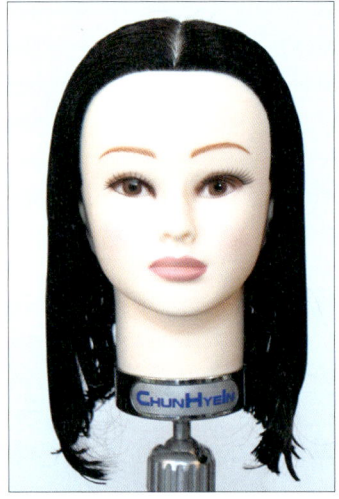

01 스파니엘 스타일에서 퍼머넌트 와인딩을 하기 위한 커트를 준비한다

02 정중선으로 나눈다.

03 블로킹은 3등분으로 나눈다.
- F.S.P → G.P → F.S.P = ㉠ 레벨
- E.P → B.P → E.P = ㉡ 레벨
- Nape = ㉢ 레벨

04 ㉢ 레벨 부분을 먼저 커트한다. N.P : 11cm, B.P : 12cm가 되도록 수직으로 슬라이스하여 자른다.

05 우측, 좌측으로 이동하면서 같은 길이로 자른 뒤, 체크는 수평 슬라이스로 한다.

06 ㉡ 레벨 부분의 커트는 B.P 12cm 길이에서 G.P 13cm 길이가 되게 한다. ㉡ 레벨 부분의 길이를 처음 커트할 때는 센터 백 라인에서 시작한다.

Hairdresser Performance Test

07 우측, 좌측 사이드로 이동하면서 두상 곡면에서 90°로 들어 같은 길이로 자른다.

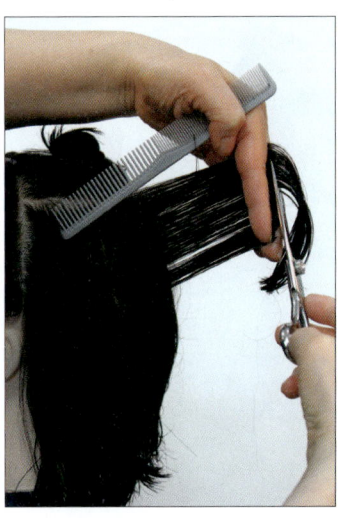

08 체크는 수평 슬라이스로 한다.

09 ⓒ 레벨과 ⓒ 레벨 부분을 자른 상태이다.

10 양 사이드로 이동하면서 같은 길이로 자른다.

11 커트가 다 되면 체크하여 튀어나온 두발이 없는지 확인한다.

12 양 사이드까지 재 커트를 완성한 모습이다.

13 탑 부분 긴 두발은 블런트로 자른다.

14 ㉠ 레벨 부분은 T.P에서 13cm 길이를 확인한다.

15 G.P와 T.P의 길이를 두상 곡면에서 90°로 들어서 방사선으로 슬라이스하여 연결한다.

16 프린지 센터라인을 기준으로 C.P 13cm와 T.P 13cm 길이로 연결하여 자른다.

17 프린지 센터에서 두발의 잘린 면을 확인한다.

18 16을 길이 가이드로 하여 우측과 좌측을 사이드 길이와 연결하여 자른다.

Hairdresser Performance Test

19 커트를 한 후에는 가로, 세로 슬라이스를 하여 튀어나온 두발이 없는지 확인한다.

20 재커트를 15분 이내에 완성한 모습이다.

Part IV
블로 드라이 및 롤 세팅

국가기술자격시험 미용사 일반 실기

Hairdresser Performance Test

Chapter 01	블로 드라이의 기초
Chapter 02	블로 드라이의 기초 시술요령
Chapter 03	블로 드라이의 기본형
Chapter 04	롤 세팅의 기초 및 기초 시술요령
Chapter 05	레이어형 롤 세팅

Chapter 01 블로 드라이(Blow dry)의 기초

블로 드라이는 열과 바람으로 젖은 두발을 빠른 시간 내에 건조시켜 일시적으로 새로운 스타일을 연출하는 작업을 말한다. 블로 드라이 스타일은 헤어커트, 염색, 퍼머넌트 등의 미용실에서 시술하는 모든 기능적인 마무리 단계로 헤어스타일링을 위한 가장 중요하면서도 기본적인 테크닉이다. 블로 드라이와 다양한 종류의 브러시를 이용하여 텐션에 의한 머리카락(모근)의 방향과 볼륨감 등을 원하는 형으로 할 수 있으며 두발 조건에 맞춘 열풍과 냉풍을 적절히 사용하면 두발의 윤기와 탄력을 얻을 수 있다.

01 블로 드라이의 목적

두발은 일상생활 중에 직접 또는 간접적으로 열에 의해 영향을 받게 된다. 블로 드라이의 궁극적인 목적은 헤어스타일을 연출하면서 커트와 염색, 펌의 보완으로 원하는 디자인 가치를 결정하여 매우 중요한 헤어디자인 이미지를 연출시키는 것이다.

02 블로 드라이의 원리

두발이 물에 젖으면 수축되는 것은 두발의 수소결합(내부의 강한 사이드결합)이 물에 의해서 절단되기 때문이다. 블로 드라이 스타일 디자인은 두발결합 중에서 비교적 결합력이 약한 수소결합을 일시적으로 변형시키고 재결합시키기 위해서 수분을 증발시켜 스타일을 완성한다. 블로 드라이는 이 원리에 따라서 두발을 말려가면서 브러시로 형태를 만들고 물로 인해 잘려진 수소결합을 연결시킨다. 약간 수분기가 있는 두발의 수소결합이 끊어져 있는 상태에서의 블로 드라이가 적합하다.

> **체크 Point**
>
> 수소결합 : 측쇄의 산소와 수소가 잡아당기는 결합을 이루고 있다. 전자를 얻어야만 안정적인 상태가 되는 수소가 수분에 의해 결합이 끊어졌다가 그 수분이 건조되어 없어짐으로써 결합이 생기는 원리를 말한다. 수소결합은 약한 결합이지만 그 수가 많아 전체적인 힘이 크다. 즉 수분이 들어가 수소결합이 끊어지고 롤이 들어가서 원하는 모양을 만들고 찬바람이나 뜸을 들여서 끊어진 컬이 고정되어 모양이 만들어진다.

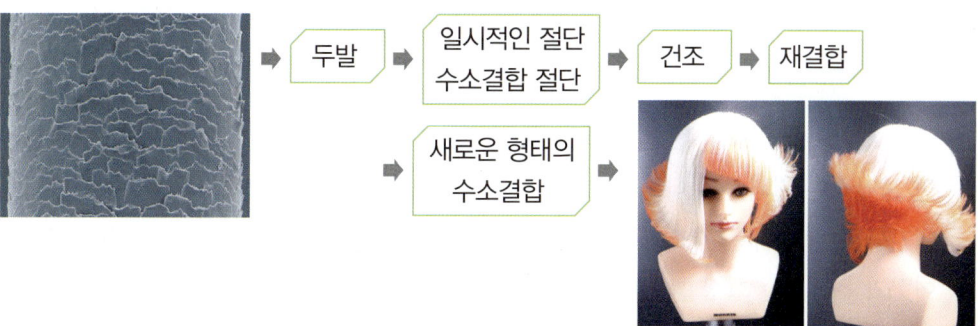

03 블로 드라이 시술 시 중요한 요소

(1) 열(Heat)

블로 드라이는 열을 두발에 직접적으로 전달하기 때문에 머무는 시간이 지나칠 경우에는 수분의 양이 과도하게 소비되므로 두발이 손상되어 거칠어지고 윤기를 잃기 쉽다.

(2) 수분(Moisture)

블로 드라이 시술 전 샴푸 후에는 30~40%의 수분을 함유하고 있기 때문에 드라이기로 80%까지 말린 후 시술한다. 즉, 언제나 20%의 수분이 두발에 유지가 된 상태에서 작업에 임한다. 시술 도중에 두발이 지나치게 건조할 때는 분무기를 사용하여 두발에 직접 분무하거나 롤 브러시에 분무하여 시술한다.

(3) 패널(Panel)의 각도

두피의 상태를 고려하여 드라이와 롤 브러시의 각도로 모근 부분의 방향성과 볼륨, 모선 중간 부분의 흐름, 두발 끝의 방향을 통해 디자인을 결정한다.

(4) 회전(Rotation)

브러시의 회전은 방향과 각도와 연관지을 수 있을 것이다. 텐션과 많은 관계를 가지고 있으며, 첫째 회전은 모류에 방향과 볼륨을 표현하고, 둘째 회전은 컬의 각을 만들며, 셋째 회전은 모선의 흐름을 이어주는 역할을 하며 이러한 동작을 반복적으로 행할 때에 곱슬 또는 웨이브를 펴주는 역할을 한다.

(5) 텐션(Tension)

블로 드라이에 있어서 텐션은 가장 중요한 부분이다. 헤어스타일링에 일정한 텐션이 없으면 불안정한 결과를 나타낼 수 있다. 블로 드라이 롤을 쥐는 방법, 힘을 주는 방법, 드라이기를 두상에 대는 각도와 회전의 밀접한 관계를 유지해야 한다. 두발을 윤기 있게 드라이하기 위해서는 항상 롤 브러시를 회전해야 하며 좋은 헤어스타일을 완성하기 위해서 적당한 텐션이 들어가야 한다.

(6) 브러싱의 속도(Speed)

두발의 흐름을 정리하기 위해 행하는 드라이는 빠르게 진행하는 반면, 드라이 시술 속도에 따라 두발의 윤기를 내기 위해 행하는 브러시 회전은 두발의 상태에 따라 달라질 수 있다.

(7) 스트랜드(Strand)

스트랜드의 선택은 브러시의 크기에 따라서 다르게 적용한다. 스트랜드의 폭이 넓고 좁은 것, 양이 많고 적은 것에 따라 디자인 공정 과정이 다르기 때문에 스타일링에 따라 적당량의 스트랜드를 선정하는 것이 좋다.

(8) 브러시(Brush)

블로 드라이 시술 시 브러시는 내연성의 재질이어야 하며 빗살이 성긴 합성 재질 브러시와 빗살이 조밀한 천연 재질 브러시, 덴멘 브러시, 쿠션 브러시, S브러시 등으로 나눌 수 있다.

04 블로 드라이의 종류

(1) 블로 드라이(Blow dry)

헤어스타일 연출의 효과가 가장 크며 헤어 드라이기와 각각의 브러시를 이용해 헤어스타일을 만든다.

(2) 핑거 드라이(Finger dry)

도구를 사용하지 않고 손가락을 이용하여 모류의 방향감을 주며 스타일을 형성하는 것으로 건강한 두발이나 부드러운 두발에 자연스러운 흐름을 줄 때 사용하는 방법이다.

(3) 램프 드라이(Lamp dry)

적외선 램프를 이용해 스타일을 형성시키는 것으로 새로운 형태로 변화시키기보다는 트리트먼트된 두발에 윤기를 더해준다.

(4) 내추럴 드라이(Natural dry)

샴푸 후 타월 드라이 후에 필요에 따라 적절히 냉·온풍을 사용하고 헤어 제품을 이용하여 자연스러운 스타일을 연출한다.

05 두상의 각도

두상은 둥근 형태를 하고 있기 때문에 헤어스타일 시술 시 정확한 각도 개념이 있어야 볼륨에 대해 업, 다운을 할 수 있다.
① 모근에서 두발이 들리는 각도가 45° 이하는 방향성은 있으나 볼륨감은 없다. 직모에서 적용할 수 있다.
② 모근에서 두발이 들리는 각도가 90°는 기본적으로 많이 적용된다. 모근에서 두발이 약간 들리면서 볼륨이 생기고 모류를 잡아줄 수 있다.
③ 모근에서 두발이 135° 들리는 각도는 풍성한 볼륨감을 구할 수 있으며, 크라운 부분에서 많이 적용된다.

④ 모근에서 두발을 180° 이상 들어 올리는 각도는 최대의 볼륨을 얻고, 모량이 적을 때 짧은 스타일의 전두부 부분에 많이 적용된다.

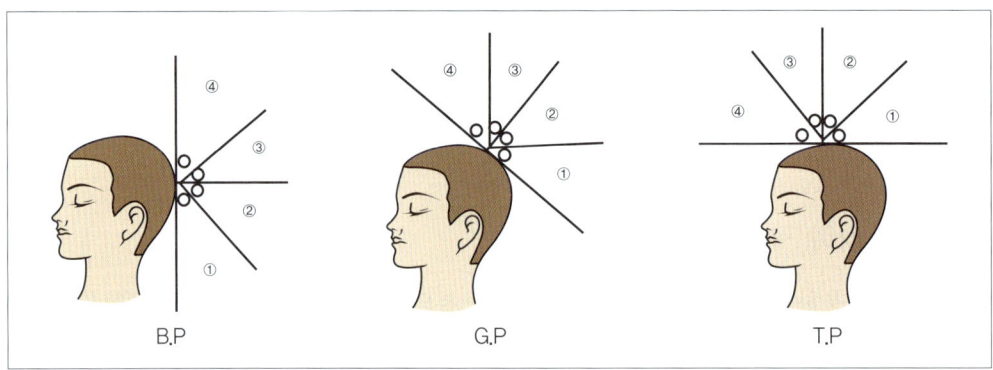

06 블로 드라이에 필요한 도구

헤어디자인에 사용되는 스타일링 도구는 전체적인 이미지와 디자인 연출 표현활동 중에 헤어디자이너의 선호도에 따라 선택된다. 헤어디자인에 도구는 중요한 요소이므로 도구에 대한 구조와 기능에 대하여 과학적인 접근이 필요하다. 미용도구를 목적에 효과적으로 사용함으로써 비로소 헤어스타일이 완성된다.

블로 드라이에 사용되는 도구로는 두발손상이 없는 것이 좋으며, 블로 드라이기(Blow dry), 브러시(Brush), 클립(Clip), 분무기(Spray), 빗(Comb) 등 이 밖의 여러 가지 도구는 헤어디자이너의 필수품으로, 작업에 꼭 필요하다. 도구를 선택하면서 일반적으로 내구성이 강하고 가격이 낮으며 헤어스타일의 특성과 두발을 시술하는 동안 시술자에게 불편함을 주지 않고 더불어 고객에게도 최대한 편안함을 주어야 하며 최상의 실체를 창출해내야 할 것이다.

(1) 블로 드라이기

블로 드라이의 특성과 용도에 맞게 쓰는 것이 중요하며, 사용 목적에 따라 구분한다.

1) 잡는 방법에 따른 분류

① **손잡이를 쥐는 방법** : 온도조절 장치를 작동하고 각도 조절과 상·하로의 움직임을 용이하게 할 수 있도록 유동성 있게 드라이기의 손잡이를 잡는다.

② **노즐을 쥐는 방법** : 드라이기의 사용이 충분히 익숙해진 후에 사용하며 대상의 높이가 높은 경우 작업이 용이하여 어깨와 손가락에 무리가 적으므로 대부분 선호한다.

2) 드라이기의 구조

드라이기를 잘 사용하기 위해 각부 명칭을 알아두어야 한다. 블로 드라이기는 노즐과 바디, 팬, 콘트롤러, 손잡이, 전기선 등으로 구성되어 있다.

① **노즐** : 드라이어 안의 팬 회전에 의해 생긴 바람이 한 곳으로 모아지기 때문에 방향의 변화나 모류와 형태의 변화에 효과적이며 바람을 출구로 보내게 된다.
② **바디** : 드라이기의 몸통 부위 안쪽은 핵심 부분인 팬과 모터, 발열기인 니크롬선으로 이루어져 열과 바람을 낸다.
③ **팬** : 팬을 작동시키기 위한 모터에 의해 바람을 일으킨다.
④ **콘트롤러** : 적절히 변환 스위치를 조작하면 열풍, 냉풍으로 조절하며 사용할 수 있다.
⑤ **손잡이** : 드라이기의 손잡이 부분이다.
⑥ **흡입구** : 공기를 빨아들이는 입구이다.
⑦ **전기선** : 전기코드와 연결된 선이다.

3) 손질방법

블로 드라이기의 손질방법은 공기 흡입구에 먼지를 잘 제거하고 전기케이블 선이 꼬이지 않게 관리하며 청결한 마른 수건으로 수분을 닦아내고 보관하는 것이다.

(2) 브러시(Brush)

롤 브러시는 내연성의 재질이어야 한다. 일반적인 브러시는 대개 모류를 정리하거나 엉킴을 풀어 주고 시술 전에 두발을 정돈하는 용도로 사용한다. 완성된 커트 두발에 매끄러움과 탄력이 있게 드라이할 수 있는 롤 브러시와 모류 흐름을 잡아주고 부피감을 살리거나 방향성을 나타내는 쿠션 브러시 등이 있는데 디자이너의 편리성에 따라 선별하여 사용하고 있다.

1) 브러시의 분류

① **롤 브러시(돈모)** : 대형 돈모는 강한 곱슬 두발이나 웨이브를 스트레이트로 펴줄 때 사용한다.

② **롤 브러시(가시롤)** : 짧은 시간 내에 적은 텐션으로 길이가 짧은 두발이나 자연스러운 스타일링 할 때 용이하다.

③ **롤 브러시(금속)** : 롤이 금속으로 구성되어 있어 열전달이 빠르며 시간을 단축하여 컬 형성이 쉽다.

롤 브러시

금속 롤 브러시

덴멘 브러시

S 브러시

쿠션 브러시

양면 브러시

2) 롤 브러시의 구조

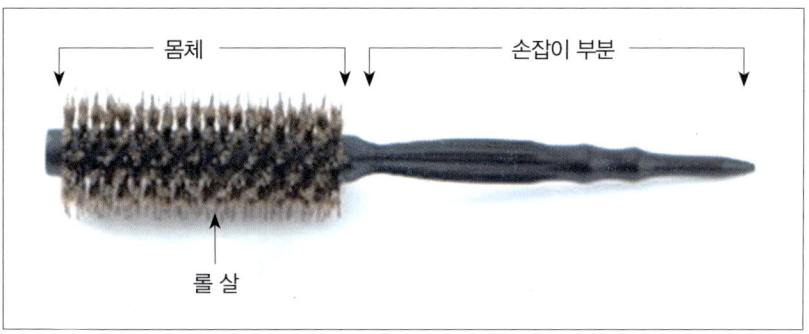

(3) 빗(Comb)

빗은 두발을 정돈하기 위한 도구로 두발을 분배하고 조절하여 정확하게 사용할 것인지를 결정하는 기준 역할을 한다. 빗은 시술 목적별로 분류할 수 있으며, 머리숱과 두발 길이에 따라서 다를 수 있다. 그리고 빗살 끝이 너무 뾰족하거나 무디지 않은 것이 좋으며 두피를 보호하여야 한다.

(4) 클립(Clip)

블로 드라이 스타일링을 할 때 시술을 편리하도록 두발을 일정한 구획으로 나누는 블로킹(Blocking), 섹셔닝(Sectioning), 파팅(Parting), 패널(Panel) 등에 모다발을 고정하기 위해 사용한다.

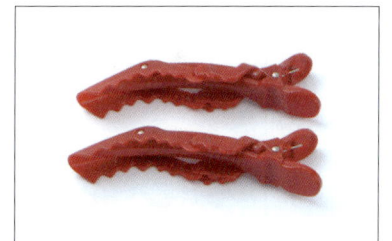

(5) 분무기(Spray)

블로 드라이기 분무기는 충분한 수분을 주기 위한 도구로서 젖은 두발이 블로 드라이의 시술에 적합한 상태로 만드는 중요한 역할을 한다. 또한, 시술 도중 부족한 수분을 보충하여 큐티클 손상이 가지 않게 수분을 전달하는 데 필요한 도구이다.

Part IV 블로 드라이 및 롤 세팅

07 블로 드라이와 롤의 기본자세

블로 드라이기와 롤을 사용하기 위한 다양한 자세로 시술자에게 편안함을 준다.

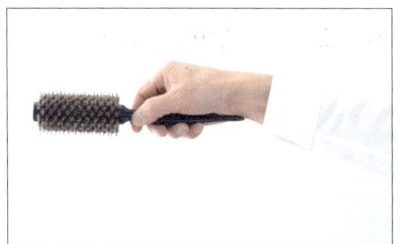

● 수평의 기본자세

● 수직의 기본자세

● 아웃컬 기본자세

● 대각선의 기본자세

08 올바른 블로 드라이 시술방법

블로 드라이 스타일을 디자인할 때는 세분화된 준비과정이 필요하다.
① 고객의 조건에 두발의 길이, 손상도, 형태와 밀도 등을 검토하고 고객의 심리적 영향까지 고려하여 스타일을 구상한다.
② 블로 드라이 스타일에는 샴푸와 수분공급이 매우 중요하므로 샴푸 후 수건으로 가볍게 눌러 물기를 제거한다.
③ 블로 드라이에 사용되는 도구와 재료 등을 준비하고 엉킨 두발을 빗질로 잘 정리정돈한다.
④ 두발 손상이 심하면 두발 보호제품을 도포한 후에 드라이한다. 너무 과다하게 사용하면 디자인에 방해가 될 수 있으므로 주의한다.
⑤ 블로 드라이 시 일반적으로 두피 부분부터 시술한다.
⑥ 전체적으로 두발의 수분을 말린 후에 블로 드라이로 스타일을 연출할 때는 두발을 보호하기 위해 드라이기를 두발과 일정한 간격을 두고 하도록 한다.
⑦ 디자인에 따라 전체적으로 두상 파팅을 2등분과 4~5등분으로 나눈다.
⑧ 파팅 후 블로 드라이로 스타일 연출 단계로 모류방향을 정리하고 뿌리 볼륨을 형성 후 모근까지 원하는 스타일을 한다.
⑨ 헤어스타일에 대한 구상 후 신속 정확하게 스타일을 연출하여야 한다.

09 블로 드라이 시술 시 주의사항

① 드라이어의 송풍구와 브러시는 약 1cm 정도 거리를 두고 냉·온풍으로 스타일링한다. 블로 드라이기의 송풍구가 두발을 직접 누르거나 브러시에 직접 닿는 것에 주의해야 하며, 불필요한 텐션 및 직접적인 열에 의해 두발이 손상될 수 있다.
② 슬라이스 폭은 2~3cm 또는 롤의 지름으로 뜨고 가로의 폭은 브러시의 80% 정도로 한다.
③ 드라이기의 장시간 사용과 불필요한 브러시 회전은 삼가고 디자인에 따라 빠른 동작으로 시술하여야 한다.
④ 장시간 두발에 열을 전달하면 두발이 손상되며 윤기를 잃게 된다.

⑤ 모근 쪽의 드라이 시 스타일 구성에 필요한 도구 선택 및 브러시의 접근 각도를 설정한다.
⑥ 드라이의 열풍이 두피에 닿지 않도록 주의하여 시술한다.
⑦ 도구의 사용과 자세는 바른 자세로 한다.
⑧ 헤어스타일 마무리 시에 수분이 많은 제품은 되도록 삼가며 제품을 잘 선택하여 사용한다.

Chapter 02 블로 드라이의 기초 시술요령

01 와인딩과 웨이브와의 관계

① **스트레이트** : 와인딩을 하지 않는다.
② **C컬** : 반 바퀴에서 한 바퀴 반 와인딩한다.
③ **S컬** : 두 바퀴 이상 와인딩한다.

02 스트랜드를 나누는 방법

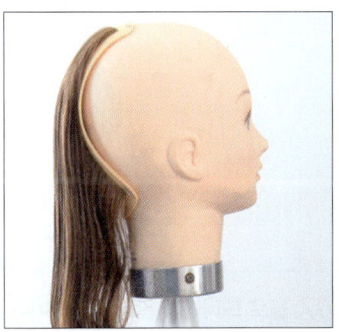
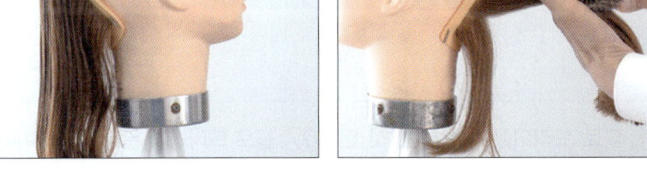

01 샴푸한 두발에 수분이 20% 정도 있는 상태이다.

02 롤 브러시 1지름의 스트랜드를 잡고 두발을 가지런하게 하기 위해 위와 아래 방향에서 롤 브러시로 빗는다.

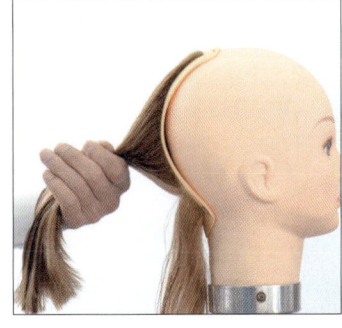

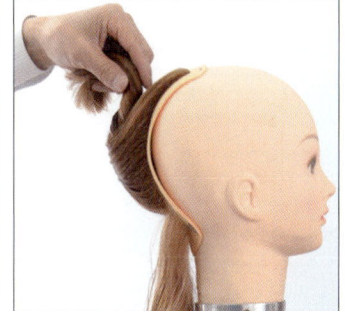

03 롤 브러시로 빗질 후 엄지와 검지를 이용하여 잡는다.

04 두발이 빠져나가지 않도록 모다발을 트위스트로 한다.

Part IV 블로 드라이 및 롤 세팅

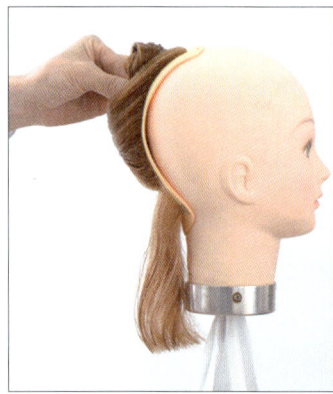 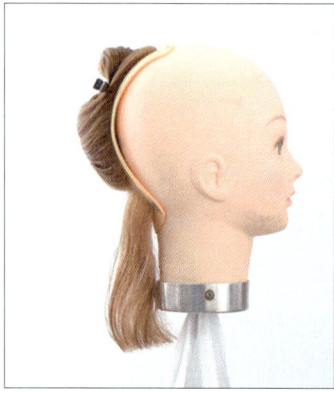

05 두발이 흘러내리지 않도록 핀셋으로 고정시킨 후 첫 번째 스트랜드를 나눠놓은 형태이다.

 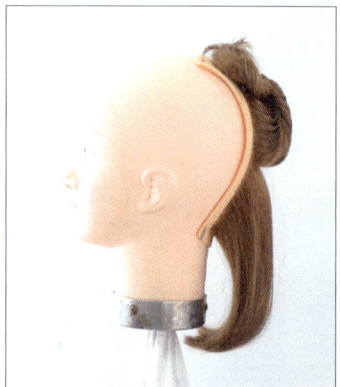

06 블로 드라이를 시작하는 첫 단계이다.

07 블로 드라이가 완성된 형태이다.

03 안말음하는 방법

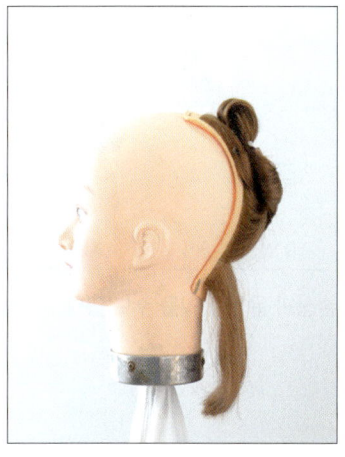

01 두발에 수분은 20%를 유지한다. 첫 번째 슬라이스는 하나의 패널을 가로폭 약 7cm 정도, 세로폭은 롤의 지름으로 나눈다.

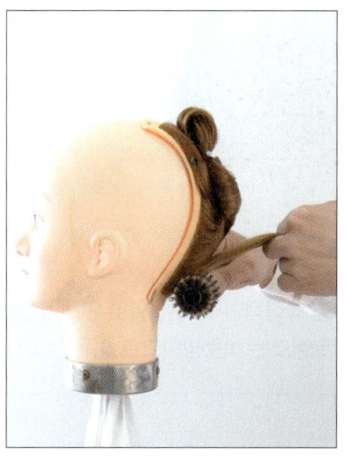

02 롤 브러시로 두발을 빗은 다음 롤 브러시에 각도를 잡는다.

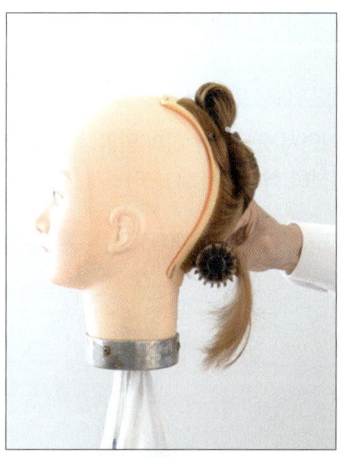

03 롤 브러시에 두발을 회전하면서 밀착하여 놓는다.

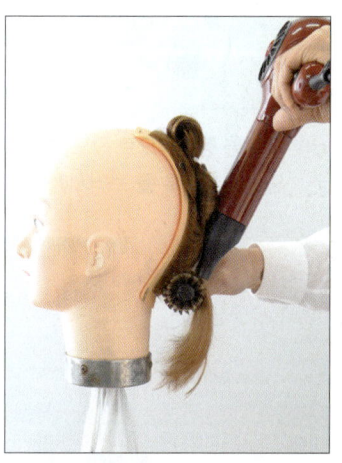

04 블로 드라이기의 노즐과 두발의 간격(약 1cm)이 너무 멀어지면 두발이 날려 부스스해진다. 브러시 이동 방향에 따라 노즐 방향도 함께 이동하면서 열을 전달시킨다.

Part IV 블로 드라이 및 롤 세팅

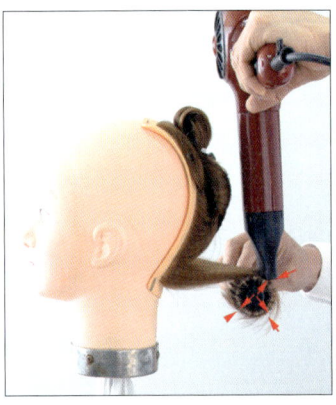 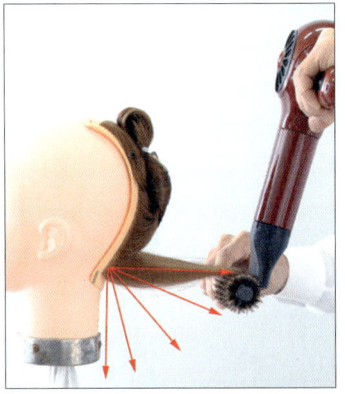 

05 두발과 드라이기의 간격이 가까우면 직접적인 과도한 열로 인해 두발의 손상과 윤기를 잃을 수도 있다. 롤 브러시를 반복적으로 회전하면서 스트랜드는 아랫방향으로 이동한다.

 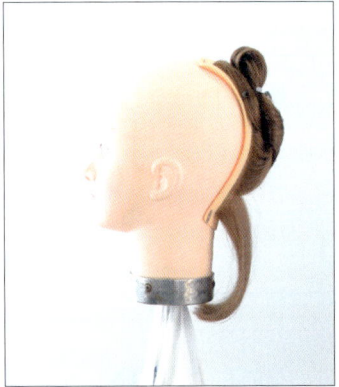

06 두발을 점진적으로 각도를 다운시키면서 롤을 회전하며 안말음 형태가 만들어지도록 롤 브러시에 열을 천천히 식히면서 롤을 아웃시킨다.

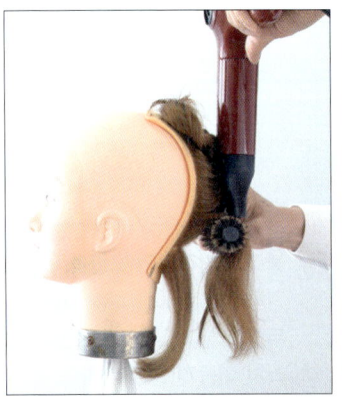 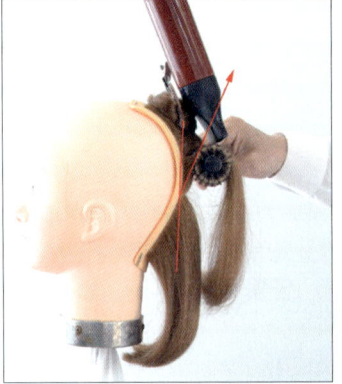 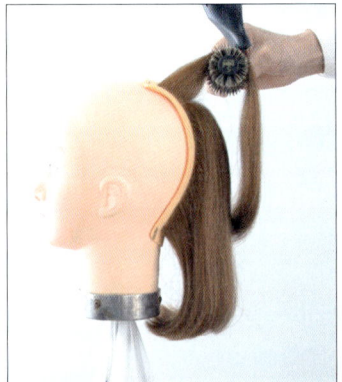

07 블로 드라이 방법은 응용범위가 넓다. 두상의 각도는 90°로 가장 기본적으로 방향성이나 볼륨감을 주고자 할 때 주로 사용하며, 골든 포인트와 백 포인트 사이의 드라이 시 사용하며 수정, 보완이 용이하다.

Hairdresser Performance Test

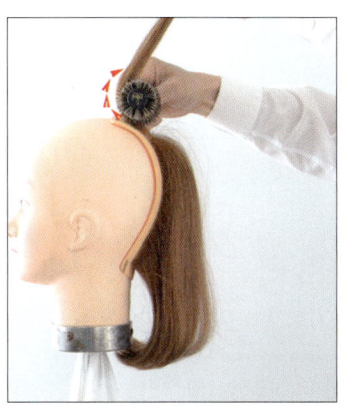 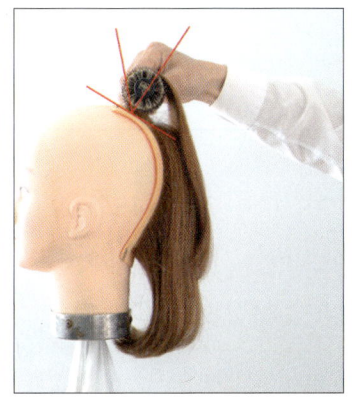 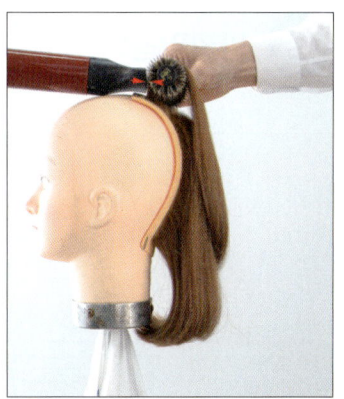

08 두발의 롤 브러시의 각도는 120°로 스트랜드의 각이 커질수록 풍성한 볼륨을 많이 줄 수 있는 각도이다. 업스템(Up-stem)의 방향으로 각도를 들어 주면서 천천히 열을 주면서 회전한다.

 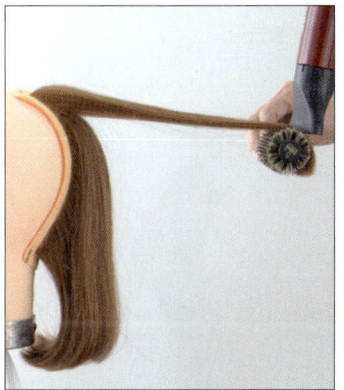 

09 두발이 건조하면 수분을 분무한 후 드라이를 한다. 두발에 윤기를 주기 위하여 같은 구간을 반복적으로 행한 후 안말음 형태가 만들어지도록 두발을 한 바퀴에서 한 바퀴 반 정도 롤 브러시에 와인딩하며 진행한다.

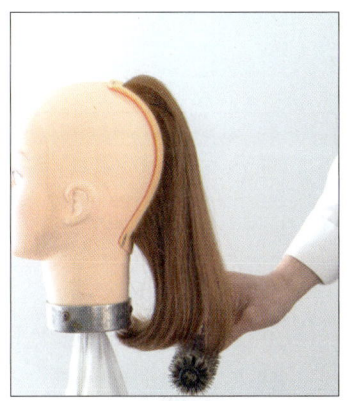 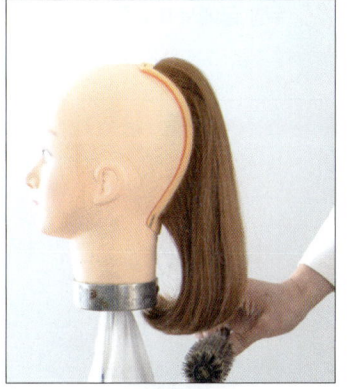 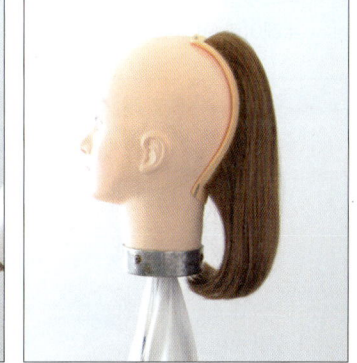

10 두발 끝에서 브러시에 열을 조심스럽게 식히며 롤 브러시를 제거한다.   *11* 안말음이 완성된 형태이다.

Chapter 02 | 블로 드라이의 기초 시술요령

Part IV 블로 드라이 및 롤 세팅

04 바깥말음하는 방법

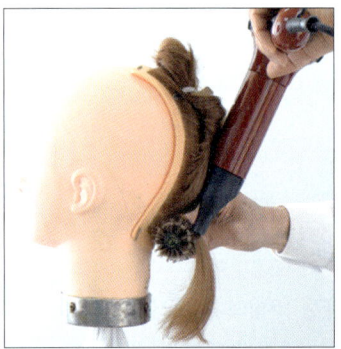

01 두발에 수분을 20% 유지한다. 첫 번째 슬라이스는 하나의 패널의 가로폭 약 7cm, 세로폭은 롤의 지름으로 나눈다.

02 롤 브러시에 두발을 밀착시켜 놓는다.

03 롤 브러시를 회전하며 열풍을 전달한다.

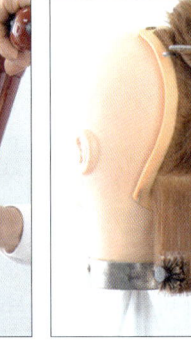
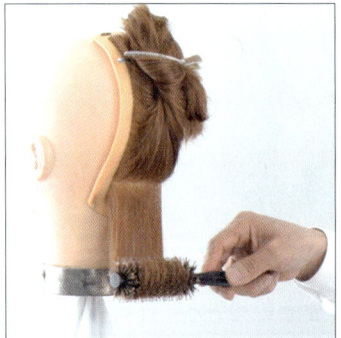

04 모근에서부터 중간 부분까지 스트레이트 형태로 펴준다.

05 두발 끝에서 바깥쪽 방향으로 만다.

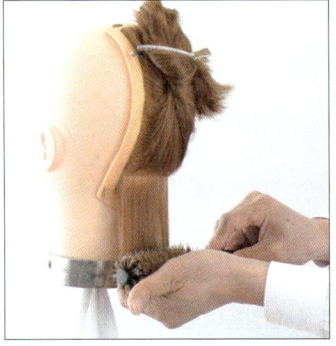

06 두발에 열이 남아있는 상태에서 손과 롤의 위치는 바깥말음 방향을 향하도록 잡는다.

Hairdresser Performance Test

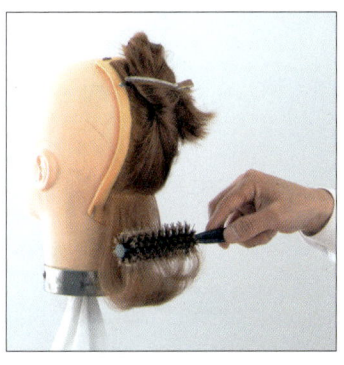
07 롤 브러시의 위치는 바깥말음 방향을 향하도록 롤을 돌려주면서 제거한다.

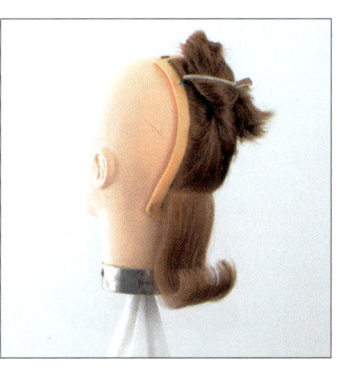
08 바깥말음이 완성된 형태이다.

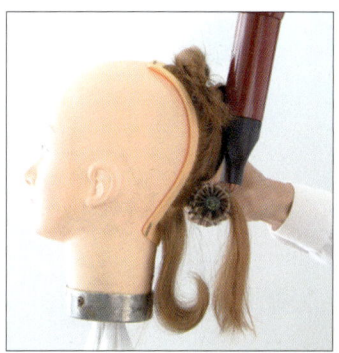
09 롤은 파팅라인과 평행하게 하여 각도는 90°로 잡고 블로 드라이와 롤을 회전하며 뿌리를 잡고 볼륨을 살리고 가볍게 결을 잡는다.

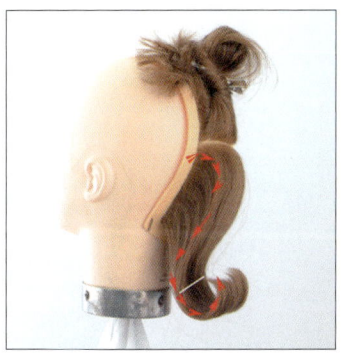
10 모근 볼륨과 모선 그리고 바깥말음이 형성된 형태이다.

11 모선 방향을 펴준 형태이다.

12 바깥말음을 나타내기 위하여 두발 끝부터 만다.

13 롤 브러시에 두발을 점진적으로 만다.

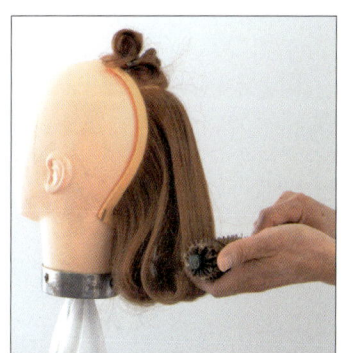
14 롤 브러시를 손으로 잡아 열을 식힌다.

Chapter 02 | 블로 드라이의 기초 시술요령　165

Part IV 블로 드라이 및 롤 세팅

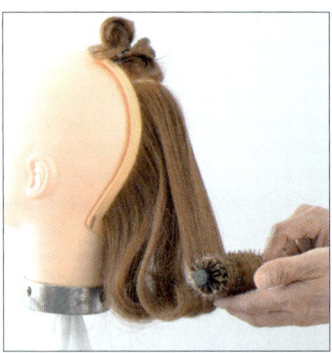 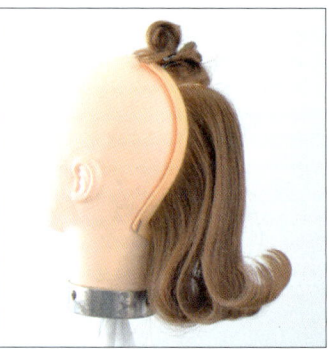 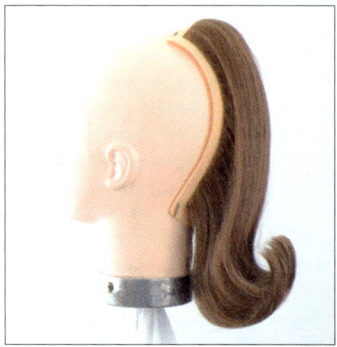

15 손으로 롤 아래를 받쳐주고 롤을 회전시킨다.

16 아래 블록과 갈라짐이 없도록 신경써야 한다.

17 브러시로 콤아웃하여 바깥말음이 완성된 형태이다.

Chapter 03 블로 드라이의 기본형

01 블로 드라이 3가지 기본형

(1) 실기시험 요구사항

① **시험시간 30분**
② 마네킹의 두발에 시술하기에 적합하도록 적당량의 수분을 도포한 후 주어진 도면을 보고 블로 드라이 헤어스타일로 완성하시오.
③ 블로 드라이를 다음 형별 중 스타일에 맞는 형을 시술하시오.

형별	스타일	요구 작업 내용
1	인컬	스파니엘 스타일로 커트한 마네킹에 안말음(C컬)형이 되도록 블로 드라이하시오.
2	아웃컬	이사도라 스타일로 커트한 마네킹에 바깥말음(CC컬)형이 되도록 블로 드라이하시오.
3	인컬	그래듀에이션 스타일로 커트한 마네킹에 안말음(C컬)형이 되도록 블로 드라이하시오.
4	롤컬	레이어드 스타일로 마네킹에 롤러를 사용하여 세팅하시오.

④ 수분이 도포된 두발에 프리 드라이된 상태에서 4~6등분으로 블로킹 후 블로 드라이기와 롤 브러시를 이용하여 다음과 같이 시험에 요구되는 스타일을 시술하시오(사이드 센터파트, 이어 투 이어 파트 등).
⑤ 블로 드라이 순서는 네이프 → 백 → 크라운 → 사이드 → 프린지 순으로 한다.

요구사항	• 섹션 시 베이스 크기는 사용되는 롤 브러시의 폭(지름)을 넘지 않는다. • 두발의 길이에 따라 롤 브러시를 선택하여 사용한다. • 모다발(판넬)은 모류 방향에 따라 시술해야하며, 적합한 블로 드라이어와 롤 브러시 운행 각도에 따른 열처리가 적절하에 이루어져야 한다. • 모근에 볼륨감이 형성되어야 한다. • 두발은 윤기 있게 질감처리가 되어야 한다.

⑥ 마무리(리세트)는 빗이나 손을 이용하여 블로 드라이 헤어스타일링한다.

(2) 수험자 유의사항

① 블로 드라이 작업 시 시술하기 알맞게 적신 두발에 과정의 절차에 맞게 작업(두발을 모근까지 수분 도포-타월건조-프리 드라이 스타일-본 드라이 스타일-마무리)하시오.

② 블로킹은 4~6등분하고 파팅에 맞게 각각의 절차에 따라 정확히 하시오.
③ 스파니엘, 이사도라, 그래듀에이션 스타일에 따라서 정중선 부분 파팅은 가로, 양백 사이드는 대각으로 한다.
④ 블로 드라이는 요구사항에서 제시하지 않은 헤어스타일링 제품 및 기기를 사용할 수 없다.
⑤ 시험시간 종료 후에는 빗질 등을 하면서 작품 및 도구를 만져서는 안된다.
⑥ 채점이 종료된 후 시험위원의 지시에 따라 다음 시술준비를 해야 한다.

(3) 블로 드라이 준비물

준비물

마네킹, 홀더, 블로 드라이기, 롤 브러시(대, 중, 소), S 브러시, 빗, 핀셋, 얼레빗, 분무기, 흰 타월 1장, 그 외 개인이 필요한 용품

(4) 블로 드라이 5등분 블로킹 과정

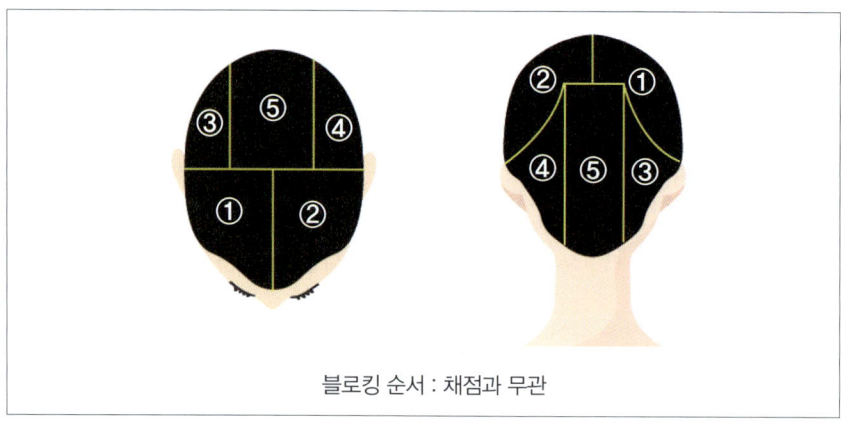

블로킹 순서 : 채점과 무관

○ 블로킹 과정

Hairdresser Performance Test

01 두발에 수분 20% 정도를 유지한 상태에서 센터 파팅한 후 T.P에서 이어 투 이어(Ear to Ear)로 나누어 곱게 빗질한 후 두발이 흘러내리지 않도록 고정시킨다.

02 우측과 좌측을 동일한 방법으로 한다.

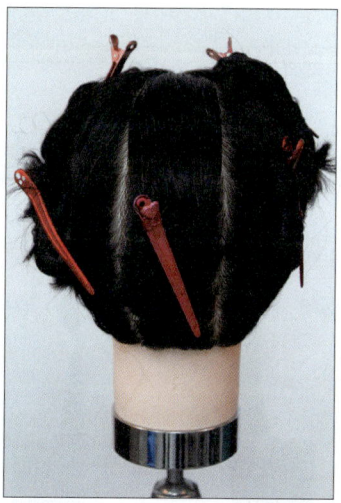

03 탑에서 네이프 쪽으로 약 7cm 폭으로 도면처럼 3등분한다.

04 완성된 모습이다.

스파니엘 커트 안말음 블로 드라이

완성

앞면

뒷면

우측

좌측

시술과정

01 수분이 도포된 두발에 프리 드라이된 상태에서 5등분 블로킹을 나눈다. 두발을 롤에 밀착하여 놓는다.

02 두발 끝부분부터 감아 롤을 회전하며 블로 드라이기의 노즐 부분이 바깥쪽에서 안쪽 방향으로 열을 준다.

> **합격 Point**
> 블로 드라이 순서는 네이프 → 백 → 크라운 → 사이드 → 프린지로 진행한다.

03 두피 방향으로 올라가면서 모선에 스트레이트 효과와 안말음을 할 수 있도록 열을 충분히 주기 위하여 반복적인 동작을 진행한다.

04 파팅과 수평으로 하여 롤을 회전하며 아랫방향으로 내려주면서 열을 준다.

Part IV 블로 드라이 및 롤 세팅

05 두발 각도를 점진적으로 다운할 때 일정한 텐션을 유지하면서 롤 브러시를 회전시킨다.

06 천천히 롤 브러시를 회전하며 아랫방향에서 롤을 뺀다.

07 정확한 안말음이 형성된 형태이다.

08 두발의 각도를 들어 롤 브러시가 모근에 닿도록 한다.

09 두발이 롤과 밀착하도록 롤 브러시를 회전하며 왼손에 두발을 놓는다.

Hairdresser Performance Test

10 롤을 회전하며 드라이기의 노즐 부분이 모근쪽 방향으로 향하지 않도록 주의하며 열을 전달한다.

11 롤 브러시를 회전하며 진행한다.

12 두발의 모선쪽을 롤 스트레이트 형태로 펴준다.

13 롤 브러시의 1/3 지점인 드라이기의 노즐 부분이 있는 곳부터 C컬이 시작점이다. 드라이기의 열을 잠시 멈춘 후 롤을 감아 들어가면서 2/3 지점, 그리고 약 한 바퀴 정도 와인딩 상태에서 드라이기의 열을 준다.

Chapter 03 | 블로 드라이의 기본형

Part IV 블로 드라이 및 롤 세팅

14 13의 동작을 반복적으로 시술 후 아랫방향으로 롤을 회전하며 두발 끝까지 드라이기의 열을 준다. 수분이 부족할 경우 분무하면서 진행한다.

15 두피볼륨과 모선방향 그리고 안 말음이 잘 형성된 상태이다.

16 시술각을 높게 잡아 볼륨감을 주고 드라이기와 롤을 회전하며 진행한다.

합격 Point
- 슬라이스의 사용과 폭의 정확성을 유지한다.
- 두상의 볼륨을 고려한 블로킹 부위별 각도를 정확히 한다.

Hairdresser Performance Test

17 일정한 텐션과 속도를 유지하며 반복적으로 진행한다.

18 두발의 끝부분으로 갈수록 패널의 위치를 다운시킨다.

19 모근 볼륨을 위하여 열을 전달하고 잠시 뜸을 준다.

Part IV 블로 드라이 및 롤 세팅

20 두발이 건조하면 수분을 분무하면서 진행한다. 롤 브러시를 회전하며 다음 동작으로 연결한다.

21 원을 크게 그리듯 하며 펴준다.

22 두발 끝부분으로 갈수록 패널의 위치를 다운시킨다.

합격 Point
- 블로 드라이의 브러시의 숙련도를 익힌다.
- 패널의 열처리 과정에 따른 질감을 잘 표현한다.

Hairdresser Performance Test

23 약간의 전대각 파팅을 한 후 백네이프와 동일한 동작으로 시술하되 롤 은 앞쪽 방향으로 점진적으로 내려오면서 두발을 뺀다.

24 먼저 시술된 센터백 쪽의 두발을 약간 가져와 갈라짐을 없게 한다.

25 백 사이드에서 전대각 파팅과 평행하게 롤 브러시를 놓는다. 모근에서 볼륨을 주어 진행하며 큰 원을 그리듯 펴준다.

26 두발 끝 부분을 만다.

Part IV 블로 드라이 및 롤 세팅

27 안쪽으로 말아 들어가는 동작을 반복적으로 진행한다.

28 블로 드라이기를 제거하고 롤 브러시에 열을 식히며 롤을 회전하며 뺀다.

29 롤 브러시를 밀착하여 회전하며 열을 전달한다.

30 모근과 모선 그리고 안말음을 만들어낸 형태이다.

31 모근 볼륨을 주기 위한 방법으로 스트랜드를 위로 들어 올려 브러시에 두발을 밀착시키고 많은 공간을 유지하고 두발을 놓는다.

Hairdresser Performance Test

32 모근 볼륨을 주기 위하여 롤을 회전한다.

33 화살표 방향으로 롤 브러시를 돌려주며 제거한다.

34 디자인 라인에 파팅과 브러시 방향이 일치하도록 하고 모근 볼륨을 만든다.

35 롤 브러시를 회전하며 모선을 펴준다.

36 반복적으로 진행하며 아랫방향으로 내려온다.

Chapter 03 | 블로 드라이의 기본형

Part IV 블로 드라이 및 롤 세팅

37 열을 식힌 후에 롤을 돌리며 뺀다.

38 모근 부분에 볼륨감을 형성하기 위하여 스트랜드를 회전하며 열을 준다.

39 드라이기의 노즐은 브러시에서 약 1cm 정도 거리를 두는 것이 좋으며 뜨거운 열풍이 모근 쪽으로 향하지 않도록 주의하여 시술한다.

40 두발이 탄력적이고 광택을 주기 위해서는 두발을 브러시에 밀착시켜 당겨주는 힘을 일정하게 유지하여 진행한다.

41 블로 드라이기의 열을 두발 끝 부분까지 전달하며 롤을 회전시키면서 앞쪽 방향으로 이동하며 롤 브러시를 뺀다. 반대쪽 방향도 동일한 방법으로 진행하여 마무리한다.

42 브러시로 콤 아웃하는 형태이다.

이사도라 커트 바깥말음 블로 드라이

앞면	뒷면

우측	좌측

Part IV 블로 드라이 및 롤 세팅

🔶 시술과정

01 두발에 수분을 도포 후 약 20% 정도 남겨놓으면서 사전 드라이를 한다.

02 사진과 같이 섹셔닝 후 첫 번째 슬라이스는 하나의 패널의 가로 폭 약 7cm 정도, 세로폭은 롤의 지름으로 나눈다.

03 두발을 롤과 밀착할 수 있도록 롤을 회전하며 놓는다.

04 모근 방향부터 일정한 텐션으로 드라이기의 열풍과 함께 원을 그리듯 중간 부분까지 스트레이트 형태로 드라이를 한다.

05 두발 끝에서 바깥쪽 방향으로 말아 들어간다.

06 05 사진에 동작을 연결하여 안쪽으로 말아 들어간 후 동일한 동작을 반복적으로 진행한다.

07 끝처리가 깔끔하게 되어야 하므로 끝까지 열이 닿도록 한다.

08 두발에 열이 남아있는 상태에서 손과 롤의 위치는 바깥말음의 원하는 방향으로 향하도록 롤을 돌려주면서 뺀다.

09 바깥말음 형태를 볼 수 있다.

10 롤은 파팅 라인과 평행하게 하여 롤의 각도는 90°로 잡고 블로드라이기와 롤을 회전하며 뿌리를 잡고 볼륨을 살려주고 가볍게 결을 잡으며 04~07 동작을 반복 후 롤을 뺀다.

11 새로운 패널과 시술한 아래쪽 패널의 일부분 약 0.5cm 정도를 합쳐서 패널을 잡으면 경계가 생기는 것을 방지할 수 있다. 왼손으로 두발 끝을 잡고 두발이 롤과 밀착할 수 있도록 롤을 회전하며 두발을 놓는다.

Part IV 블로 드라이 및 롤 세팅

12 모근쪽 볼륨을 준다.

13 두발의 모선쪽을 볼륨을 주며 펴준다.

14 바깥말음 방향의 시작하기 전 롤을 두발에 놓는다.

15 롤을 살짝 눌러주며 드라이기의 열을 쪼여준다.

16 두발이 가지런하게 정리되도록 반복적으로 브러싱한 다음 끝부터 롤의 한 바퀴 정도 말아 아래쪽에서 열풍을 전달한다.

17 두발의 열을 식힌 후 왼손으로 두발을 잡고 롤을 회전하며 빼준다.

Hairdresser Performance Test

18 롤 브러시를 밀착시킨 후 블로 드라이기의 더운 바람을 이용하여 두발에 열을 준다. 두상은 둥근 형태를 가지고 있기 때문에 두상의 위치에 따라 각각의 각도를 다르게 적용시켜 모근에 볼륨을 만든다.

19 블로 드라이를 할 때 두발에 윤기를 주기 위해서는 롤 브러시를 회전하며 롤과 두발에 고른 힘을 주어야한다.

20 탑 방향으로 올라가면서 모근쪽과 모선에 볼륨을 증가시킬 수 있도록 큰 원을 그리듯 롤과 드라이기를 회전한다.

21 롤의 안쪽에서 바람을 전달한다.

22 롤에 두발을 한 바퀴에서 한 바퀴 반 정도 감은 다음 가운데에 충분히 열을 전달한다.

Part IV 블로 드라이 및 롤 세팅

23 열을 주고 뜸을 충분히 준 후 롤에 남아있는 열을 잘 식힌 후 왼손으로 두발을 잡고 롤을 자연스럽게 돌리면서 뺀다.

24 일부분 완성된 모습이다.

25 컬의 방향성을 주어 롤을 뺀다.

26 백의 위쪽 부분부터 볼륨이 있어야 하므로 모근쪽 방향부터 각도를 들어 볼륨을 준다.

27 두발이 잘 펴지도록 반복적 동작을 진행한다.

Hairdresser Performance Test

28 롤 브러시를 3등분하여 1/3씩 두발을 롤에 말며 열을 전달한다.

29 블로 드라이기를 뗀 후 롤 브러시를 바로 제거하지 않고 열이 식을 때까지 천천히 기다리며 두발이 흐트러지지 않게 왼손으로 두발을 고정하여 컬의 고정력을 높여주는 것에 주의하여 시술한다.

30 부분적으로 완성된 형태이다.

Part IV 블로 드라이 및 롤 세팅

31 모근의 볼륨을 형성할 수 있도록 열을 전달한다.

32 바깥말음 형태가 될 수 있도록 열을 충분히 준다.

33 완성된 형태이다.

34 모류 방향이 한쪽으로 쏠리거나 벌어질 경우 모근쪽 두발을 롤을 놓고 모류가 쏠리는 반대방향으로 롤을 살짝 꺾으면서 열풍을 가하여 두발의 흐름이 자연스럽게 하여 모류 방향을 잡아준다.

35 두발을 롤과 밀착시킨다.

36 블로 드라이기 노즐 부분의 열 바람이 바깥쪽 방향으로 향하도록 하여 롤에 전달한다.

Hairdresser Performance Test

37 모선부분을 펴준다.

38 모선 부분이 스트레이트로 블로 드라이된 형태이다.

39 두발 끝 부분부터 각도를 유지하며 만다.

40 후대각 파팅선에 롤 브러시가 평행하게 한다.

41 C컬과 CC컬이 형성되는 과정이다.

42 모근 볼륨과 모선의 볼륨 그리고 바깥말음 형태가 완성되었다.

Chapter 03 | 블로 드라이의 기본형

Part IV 블로 드라이 및 롤 세팅

43 자연스럽게 뒤쪽 방향으로 연출하기 위해 후대각 파팅을 하여 시술한다.

44 탑으로 올라가면서 모근쪽에 더 많은 볼륨을 준다.

45 사이드는 스트랜드를 가지런히 펴준다.

46 모선에 볼륨이 끝난 형태이다.

47 바깥말음 형태를 만들기 위해 끝 부분부터 시작하여 점진적으로 롤을 한 바퀴에서 한 바퀴 반 정도 말면서 드라이기의 열을 전달하며 진행한다.

48 열을 식힌 후 롤을 빼준다.

49 손목으로 브러시를 회전시켜 두발을 브러시의 빗살에 건다.

50 모류의 방향성을 주기 위해 화살표 방향으로 드라이기를 이동하며 열을 잘 전달한다.

51 두발을 롤과 드라이기 사이에 놓고 롤과 드라이기를 회전하며 진행한다.

Part IV 블로 드라이 및 롤 세팅

52 모선 방향의 움직임이 형성되도록 회전하며 펴준다.

53 반복적으로 진행한다.

54 두발 끝 부분에서 열을 전달하여 말아준다.

55 롤의 2/3 지점에서 열을 준다.

56 롤에 두발을 바깥 방향으로 말아 드라이기의 노즐 방향이 위쪽으로 향하게 하여 밑에서 바람을 전달한다.

57 블로 드라이기를 제거 후 뜸을 들이는 과정이다.

Hairdresser Performance Test

58 반복된 동작으로 롤을 회전하며 롤을 뺀다.

59 블로 드라이가 마무리된 상태이다.

60 마무리 과정에는 양면 브러시 또는 S 브러시, 덴멘 브러시 등을 이용하여 잘 빗질한다. 바깥 말음의 두발 끝이 너무 강하게 말리는 것보다 C컬의 형태가 방향감을 주면서 위쪽으로 향할 때 효과적이다.

합격 Point

- 블로킹 부분에 따라 파팅을 수평, 대각선을 활용하고 파팅의 폭을 롤 브러시 지름만큼 일정하게 뜬다.
- 두상의 볼륨은 네이프에서 크라운 위쪽으로 진행할수록 더 풍성하게 준다.
- 완성된 바깥 마름의 방향감이 일정하고 두발의 표면에 윤기를 주면서 마무리한다.

Part IV 블로 드라이 및 롤 세팅

그래듀에이션 커트 안말음 블로 드라이

완성

앞면

뒷면

우측

좌측

시술과정

01 그래듀에이션 커트 스타일에 안 말음으로 블로 드라이한다. 수분이 도포된 두발에 프리 드라이된 상태에서 5등분 블로킹을 나눈다. 첫 번째 패널을 나눠놓는다.

02 두발을 잡고 롤 브러시에 밀착시킨다.

03 블로 드라이기의 송풍구가 두피 쪽을 향하지 않도록 주의한다.

04 두발 끝에서 모근 방향으로 말아 들어가며 두발에 광택을 주기 위해 일정한 텐션을 유지하면서 같은 동작을 반복적으로 진행한다.

Part IV 블로 드라이 및 롤 세팅

05 드라이기 노즐 부분의 방향을 조절하면서 브러시를 회전한다.

06 열을 식히면서 안말음 형성을 확인하며 롤 브러시를 뺀다.

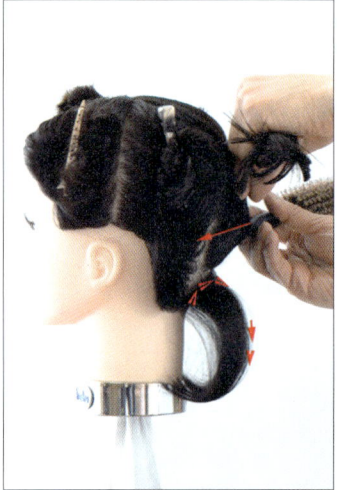

07 롤 브러시를 이용하여 파팅한다.

08 두발 패널을 90°로 잡고 놓는다.

09 볼륨감을 주기 위하여 브러시에 두발을 밀착시키고 회전하며 드라이기의 열풍을 전달한다.

10 블로 드라이기와 롤 브러시의 시술각을 크게 회전하며 진행한다.

Hairdresser Performance Test

11 두발에 탄력과 광택을 주기 위해서는 두발을 브러시에 밀착시키고 일정한 텐션을 유지하며 진행한다.

12 각도를 다운시키면서 롤 브러시를 회전하며 뺀다.

13 볼륨감을 최대한 표현하기 위하여 모근 각도를 최대한 크게 잡고 두발을 밀착하여 브러시를 수평으로 놓는다.

14 블로 드라이기의 뜨거운 열이 모근으로 가지 않게 하고 브러시를 회전하며 열을 전달한다.

Chapter 03 | 블로 드라이의 기본형   **197**

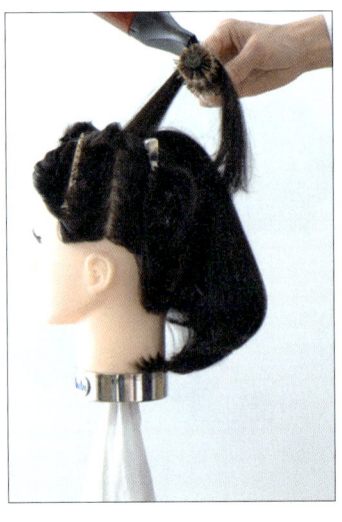  

15 두발 끝 부분으로 갈수록 패널의 위치를 다운시키며 두발에 윤기를 주기 위하여 같은 동작을 반복적으로 시술하는 것이 좋다.

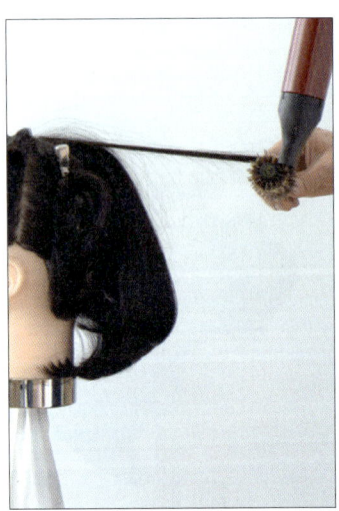  

16 두발에 브러시를 회전시키면서 아랫방향으로 다운시켜 진행한다.

17 롤 브러시의 열을 식히며 천천히 뺀다.

Hairdresser Performance Test

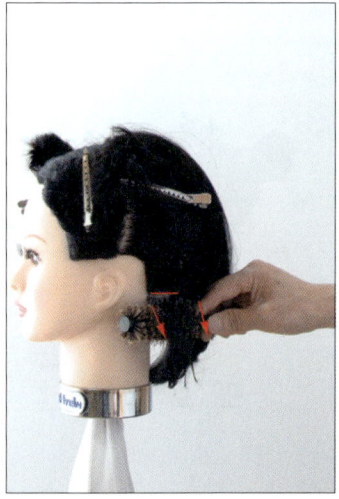

18 두발을 롤 브러시 손잡이 부분 쪽으로 놓는다.

19 롤 브러시를 앞쪽 방향으로 이동하며 빼준다.

20 두상에 롤 브러시를 올려놓는다.

21 두발의 끝 부분까지 열을 전달한 후 끝에서 두발을 롤 브러시에 만다. 이때 블로 드라이기와 롤 브러시는 함께 이동하며 열풍을 골고루 전달하여 시술한다.

Chapter 03 | 블로 드라이의 기본형

Part IV 블로 드라이 및 롤 세팅

22 롤 브러시를 아랫방향으로 이동하며 뺀다.

23 모근 볼륨과 방향성을 잡아주기 위하여 두발의 각도를 들고 롤 브러시를 모근에 밀착 후 롤 브러시를 1/2~2/3 회전시켜 모근에 댄다.

24 모근쪽에 볼륨을 주기 위해서는 롤 브러시를 2~3회 정도 회전한 후 모선 방향을 큰 원을 그리듯 직선으로 펴준다.

Hairdresser Performance Test

25 마지막 시술 각도를 내리며 롤 브러시를 회전하며 롤을 뺀다.

26 볼륨을 형성하기 위하여 90° 이상의 각도를 사용한다.

27 모선의 볼륨감을 형성한다.

28 블로 드라이기의 열풍을 브러시의 안쪽 방향에 쏘이면서 두발 끝까지 진행한다.

Chapter 03 | 블로 드라이의 기본형

Part IV 블로 드라이 및 롤 세팅

29 점차적으로 각도를 낮추면서 롤 브러시에 열을 전달한다.

30 블로 드라이기를 제거하고 롤 브러시에 열을 이용하여 끝까지 잡는다.

31 두발에 롤 브러시를 회전하여 밀착시킨다.

32 모근 쪽에 뿌리 볼륨을 주기 위해 롤 브러시를 밀착시켜 앞쪽 방향으로 돌리면서 블로 드라이기의 열을 전달한다.

33 포물선을 그리듯 블로 드라이기와 롤 브러시를 함께 움직인다.

Hairdresser Performance Test

34 롤 브러시를 따라 블로 드라이기가 이동하면서 모선 방향을 롤 스트레이트한 두발 형태를 만든다.

35 두발 끝부분에 롤 브러시를 너무 많이 감아 굴리면 C컬이 강하게 형성 되므로 주의하여 시술한다.

36 반대 방향과 동일한 방법으로 진행한다.

Part IV 블로 드라이 및 롤 세팅

37 볼륨감과 방향성을 준다.

38 롤을 회전하며 힘을 균일하게 준다.

39 두발 끝까지 브러시를 회전하며 열을 주어 안말음의 형태를 만든다.

40 롤 브러시를 회전하며 롤을 뺀다.

41 안말음 블로 드라이 형태를 나타내기 위하여 브러시를 이용하여 완성한다.

Chapter 04 롤 세팅의 기초 및 기초 시술요령

01 롤 세팅의 기초

(1) 롤 세팅(Roll setting)

미용용어에서 세트는 두발형을 만들어 마무리하는 것을 의미한다. 두발을 곱게 빗질한 다음 롤러와 꼬리빗을 사용하여 웨이브를 형성한다. 롤러는 원통형, 원추형의 형태가 있으며 헤어스타일에 따라 퍼머넌트를 한 두발에도 자연스럽고 부드러운 컬을 형성하며 볼륨과 두발 끝에 움직임을 줄 수 있다. 롤 세팅은 오리지널 세트와 리세트로 나눈다. 오리지널 세트는 헤어파팅, 세이핑, 컬링, 롤러 컬링, 웨이빙이 있다.

(2) 리세트(Reset)

리세트는 콤아웃이라고도 하며, 헤어 세팅에 있어 끝맺음을 의미한다. 오리지널 세팅에서 디자인을 의도했던 헤어스타일의 형태와 모양, 웨이브, 볼륨을 만들어내고 오래 지속되도록 하기 위함이다. 스타일을 연출하기 위해서는 빗과 브러시가 사용된다. 롤 세팅은 일시적이므로 1회의 샴푸로 웨이브가 소멸된다. 시술순서는 브러싱 → 콤잉 순으로 한다.
세팅한 롤러를 드라이하여 두발이 마르면 롤러를 풀어서 뺀 후 먼저 빗으로 빗은 다음 브러시를 이용하여 두피까지 빗어 두발이 매끄럽게 될 때까지 브러싱한다. 다음은 빗을 이용해서 처음 스타일을 계획했던 대로 빗질한 후 백콤을 넣어 두발에 지지감과 볼륨을 더해줄 수 있다. 또한, 두발의 질감을 매끄럽게 하고 움직임과 방향을 주어 헤어스타일을 변화시킬 수 있다.

1) 백콤(Back combing)하는 방법

모근에서 스트랜드를 떠내서 두발 끝 쪽으로 빗은 후 왼쪽 검지와 중지로 두발을 잡고 텐션을 준 후 빗을 두발에 대해 ∠90° 넣어 두발 끝에서 모근쪽으로 누르듯이 여러 번 반복하면 두발이 헝클어지듯이 쌓이면서 부풀게 된다.

2) 백콤의 목적

① 두발을 똑바로 세우기 위해
② 두발에 볼륨을 주기 위해
③ 단단한 토대나 두발끼리 자연스런 연결을 시킬 때
④ 플러프한 느낌이나 방향감을 줄 때

(3) 롤 세팅의 특징

① 양감을 얻을 수 있다.
② 자유스럽게 움직임을 줄 수 있다.
③ 롤러가 원통형이기 때문에 수평, 수직, 대각으로 방향감을 줄 수 있다.

(4) 와인딩 각도에 따른 롤 세팅의 특성

롤러 컬은 스템의 상태와 와인딩 각도에 따라서 다음과 같이 나눌 수 있다.

① **논 스템 롤 세팅**

두발을 전방 45°(후방 135°)로 세이프하여 두발 끝에서 와인딩하고 롤러는 베이스의 중앙에 위치시킨다. 크라운에 많이 사용되고 스템이 롤러에 거의 말리기 때문에 논스템이며, 볼륨감이 강하다.

② **하프 스템 롤 세팅**

두발을 베이스에 대해 약 90° 수직으로 들어 와인딩을 하였을 때 롤러는 베이스 1/2 위치에 있다. 두발에 형성된 컬은 볼륨이 생긴다.

③ **롱 스템 롤 세팅**

두발을 후방 45° 세이프해서 와인딩할 때 롤러는 베이스로부터 벗어나 스템이 길어진다. 두발에 형성된 볼륨은 생기지 않는다.

02 슬라이스 뜨는 방법

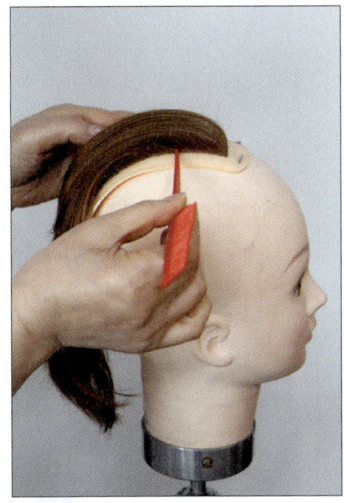

01 롤러 1지름만큼 두발 속 두피에 닿도록 빗꼬리를 넣는다.

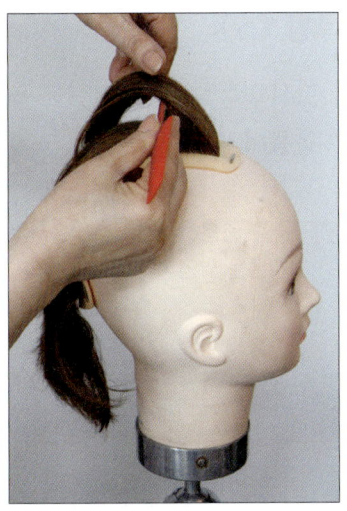

02 수평으로 슬라이스하여 꼬리빗으로 두발을 들어올린다.

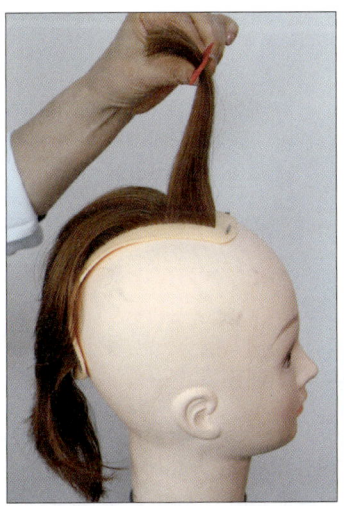

03 스트랜드를 두피에서 두발 끝으로 곱게 빗질한다.

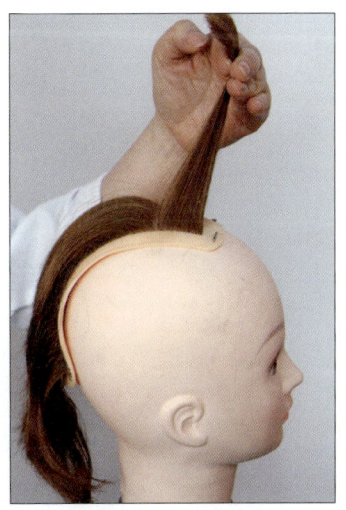

04 두피에서부터 곱게 빗질하여 각도와 텐션을 알맞게 들어 올려준다.

03 와인딩 각도에 따른 롤 세팅의 시술 요령

(1) 논 스템 롤 세팅(전방 45°, 후방 135°)

롤러의 지름만큼 슬라이스를 떠서 135°로 들어 빗질한 후, 두발 끝에서부터 와인딩한다. 베이스 안에 롤러가 들어오고 볼륨이 가장 많다.

01 물을 충분히 분무하고 롤러의 1지름을 확인 후 슬라이스한다.

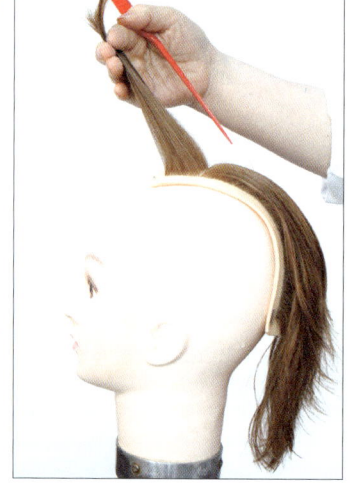

빗은 모근에서 두발 끝으로 곱 **02** 게 빗은 후 검지와 중지 손가락 사이에 두발을 텐션을 주면서 잡는다.

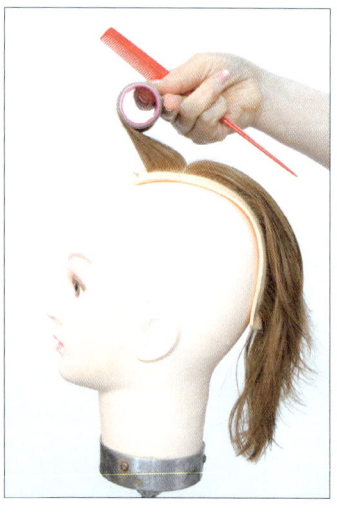

03 슬라이스한 두발을 전방 45°(후방 135°)로 곱게 빗질하여 롤러를 두발 끝 안쪽으로 댄다.

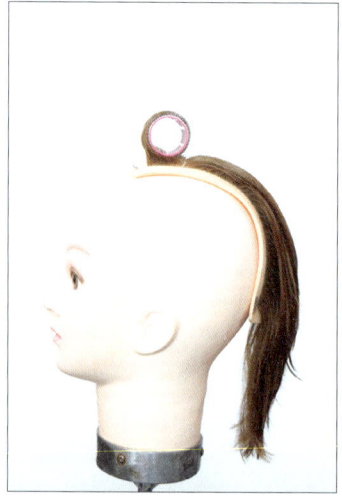

두발을 들었던 각도와 텐션을 그 **04** 대로 유지하고 두피에 바싹 대고 가볍게 눌러 고정한다. 논 스템 롤 세팅의 완성된 모습이다.

(2) 하프 스템 롤 세팅(90°)

베이스에 대하여 두발을 90°로 들어 올려서 와인딩한다. 베이스에 롤러가 반쯤 걸쳐있는 상태이며, 가장 일반적으로 사용한다.

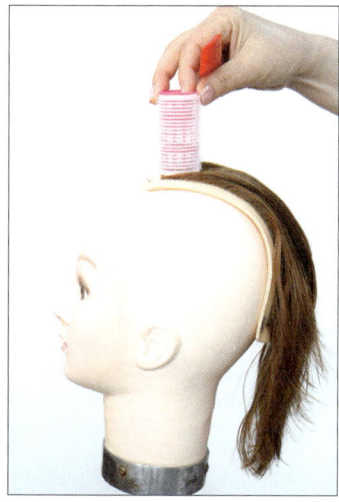

01 롤러의 1지름을 확인 후 슬라이스를 뜬다.

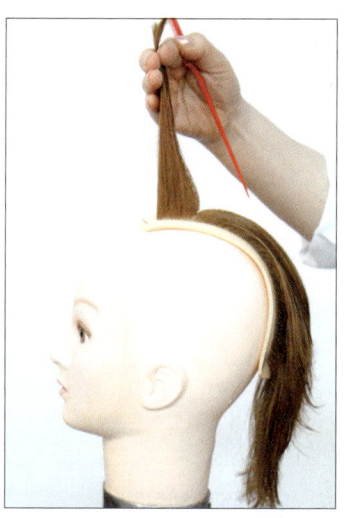

02 슬라이스한 두발을 90°로 들어주고 모근에서부터 두발 끝으로 곱게 빗질한다.

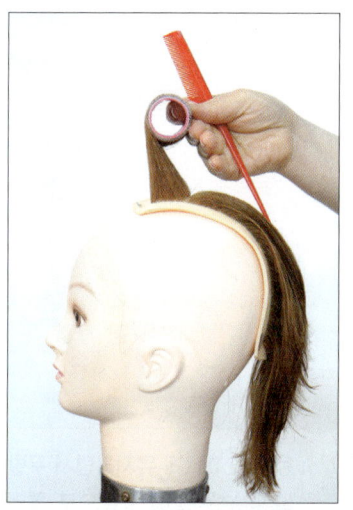

03 두발 끝 부분의 안쪽에 롤러를 대고 슬라이스와 평행한 위치에서 모근 방향으로 와인딩 자세를 취한다.

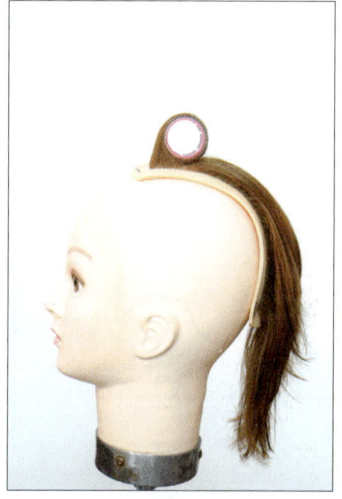

04 텐션과 각도를 유지하면서 베이스 중앙에 롤러를 살짝 눌러준다.

(3) 롱 스템 롤컬(후방 45°)

스트랜드를 후방 45° 와인딩하고 베이스 아래쪽에 롤러가 위치한다. 볼륨은 약하다.

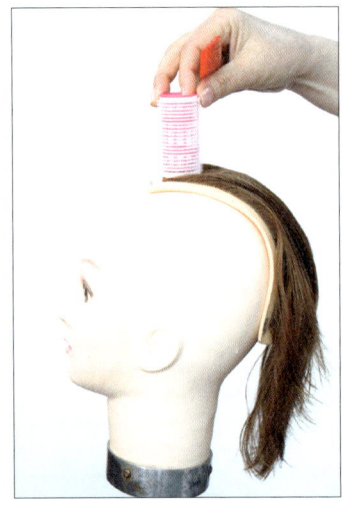 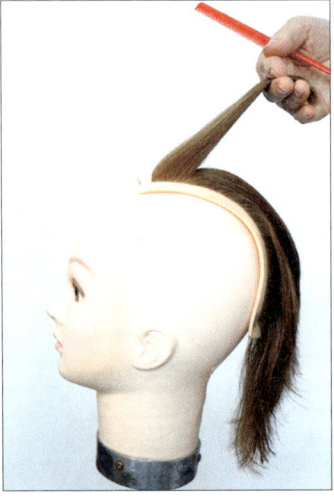

01 롤러의 1 지름만큼 두발을 슬라이스한다. *02* 후방 45°로 빗질한다.

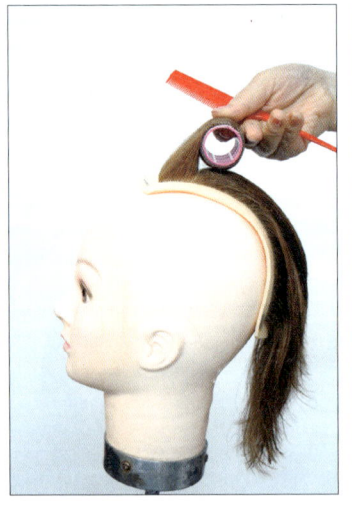 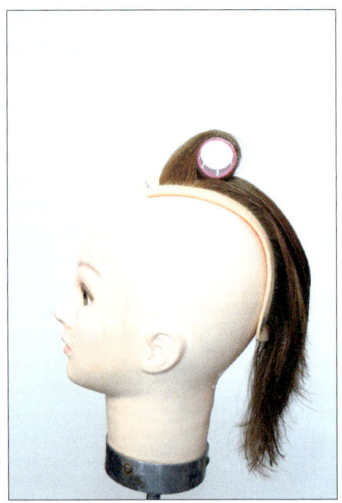

03 텐션을 고르게 유지하면서 두발 끝 부분은 꼬리빗 끝으로 롤러에 밀착시켜 와인딩한다. *04* 롱 스템 롤컬의 와인딩 모습이다.

04 롤 세팅 와인딩 방법

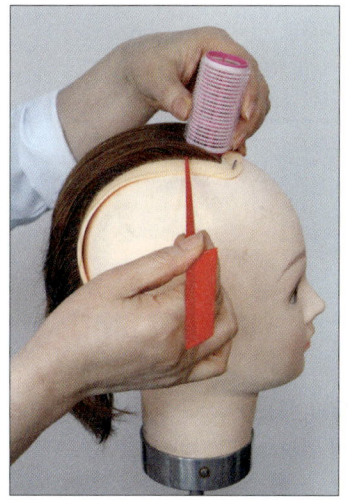

01 롤러 1지름을 확인한다.

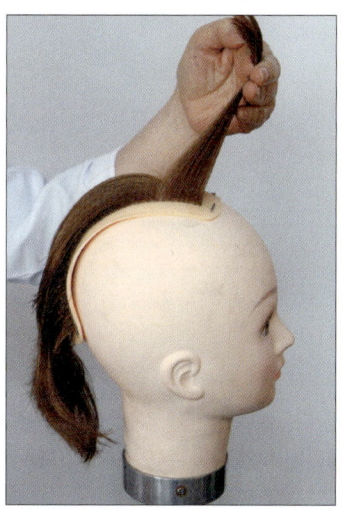

02 롤러 1지름만큼 슬라이스하여 곱게 빗질하고 왼손의 검지와 중지로 두발을 잡는다.

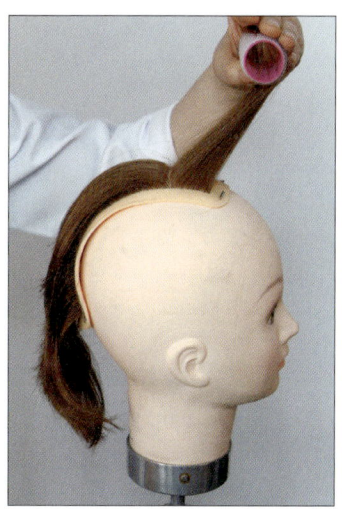

03 두발 끝 안쪽에 롤러를 붙이고 왼손으로 감싸서 잡는다.

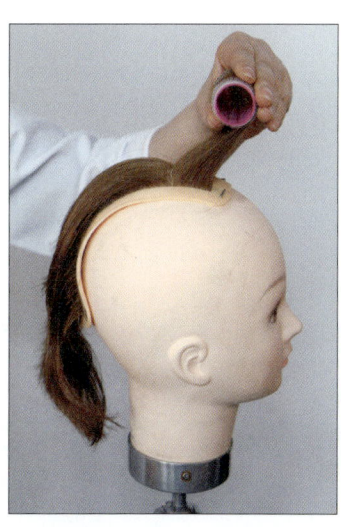

04 롤러에 와인딩할 때는 처음 들었던 각도를 유지하면서 텐션을 준다.

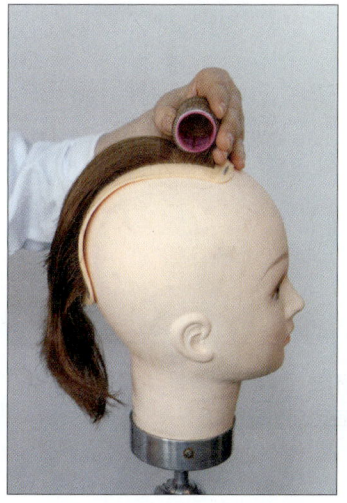

05 논 스템 각도로 와인딩하면 베이스 안쪽에 롤러가 고정된다.

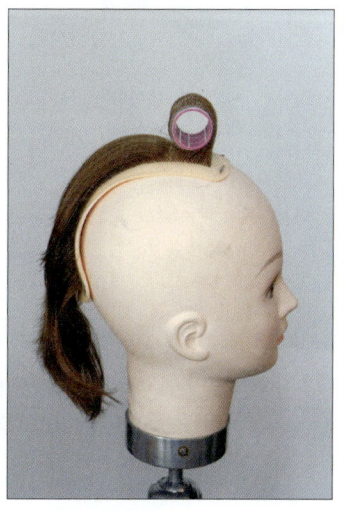

06 두피에 롤러를 고정시킬 때 살짝 누른다.

Part IV 블로 드라이 및 롤 세팅

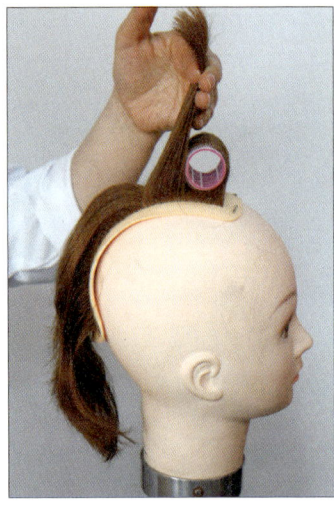
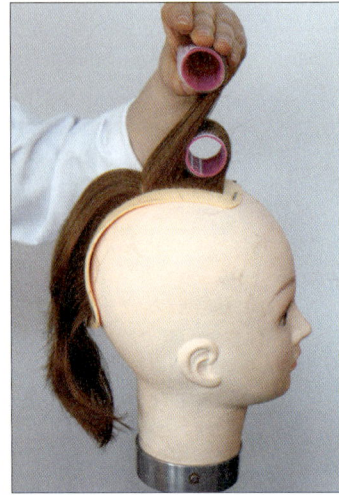
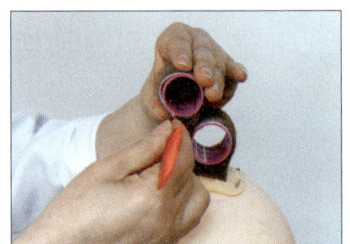
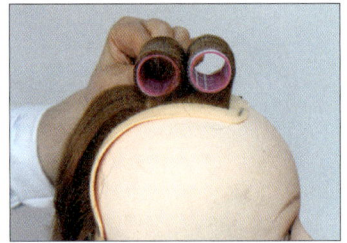

07 두발 끝이 꺾이지 않도록 빗꼬리를 이용하여 텐션을 주면서 위로 끌어올리면서 진행한다. 두 번째는 롤러의 지름만큼 슬라이스하여 첫 번째 롤러에 살짝 닿을 수 있도록 각도를 들어 올려서 와인딩한다.

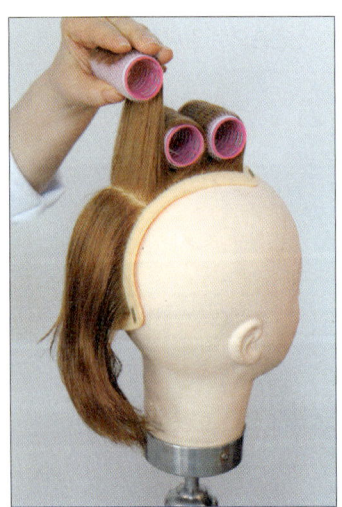
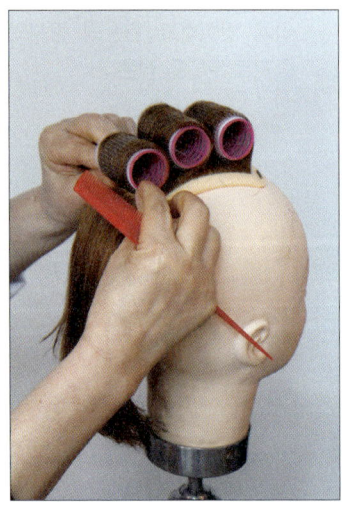

08 두상의 곡면에 따라 G.P 부분까지는 슬라이스를 롤러 지름보다 약간 적게 뜬다. 논 스템의 베이스 각도로 와인딩한다.

Hairdresser Performance Test

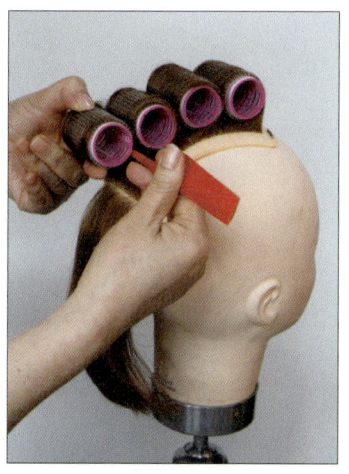

09 와인딩할 때 롤러 가장자리로 머리카락이 삐져나오지 않도록 꼬리빗으로 잘 다듬으면서 진행한다.

10 네이프를 진행하면서 스트랜드를 다운시켜서 두발이 꺾이지 않도록 확인하면서 와인딩한다. 두발이 들쑥날쑥하게 되지 않도록 각도를 일정하게 한다.

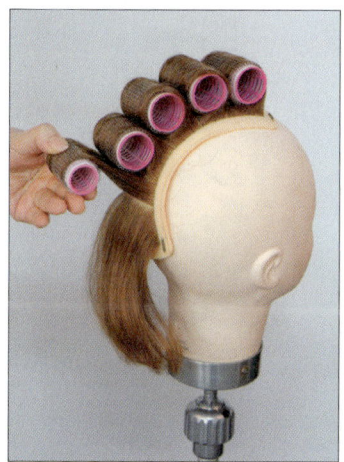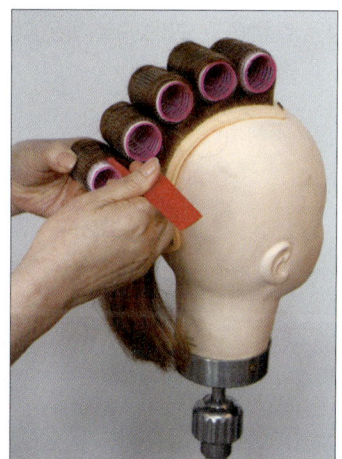

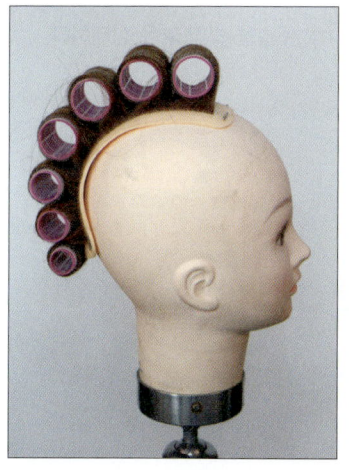

11 롤 세팅을 완성한 모습이다.

Chapter 04 | 롤 세팅의 기초 및 기초 시술요령　213

Part IV 블로 드라이 및 롤 세팅

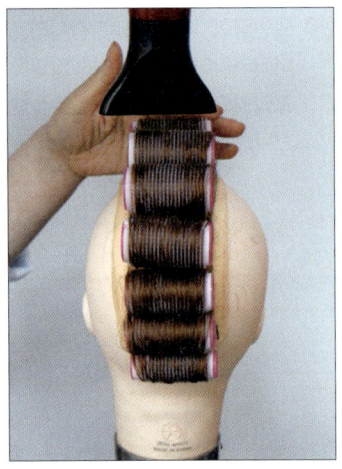
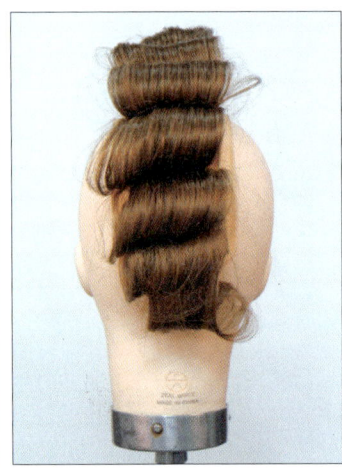

12 와인딩이 끝나면 헤어드라이기를 사용하여 물기를 제거한다. 두발이 마르면 롤러를 뗀다.

13 컬을 풀고 꼬리빗으로 빗은 다음 브러시로 빗는다.

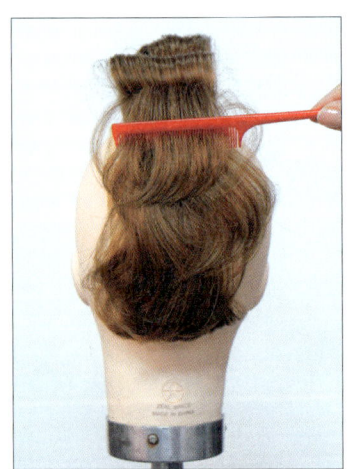
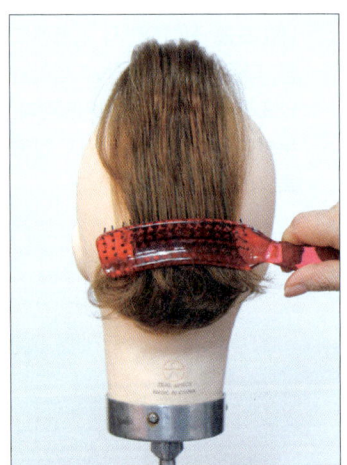

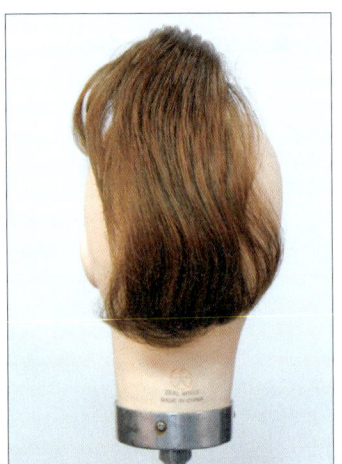
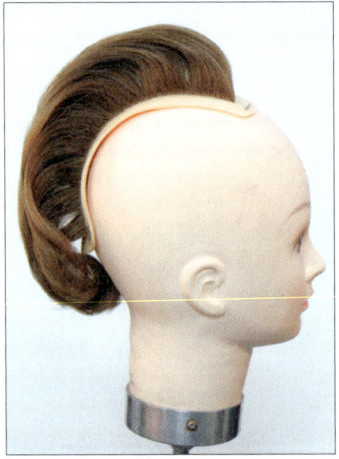

14 두발을 빗어 놓은 상태이다.

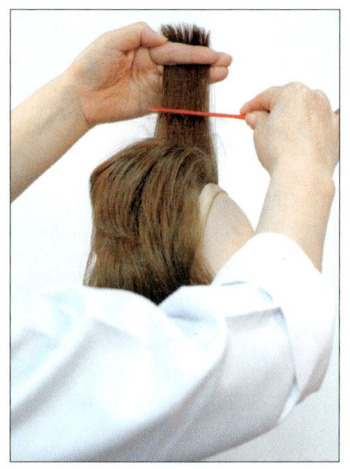 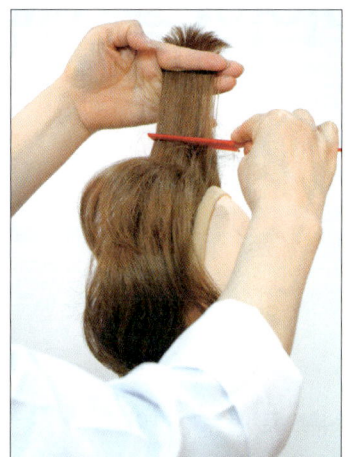

15 두발을 위로 똑바로 들고 베이스 부분부터 백콤을 넣어 부풀린다. 베이스를 연결하기 위해서는 세팅할 때와 똑같이 파팅을 뜨지 않도록 한다. 아래쪽으로 갈수록 스템의 각도를 낮추면서 백콤을 넣어준다.

 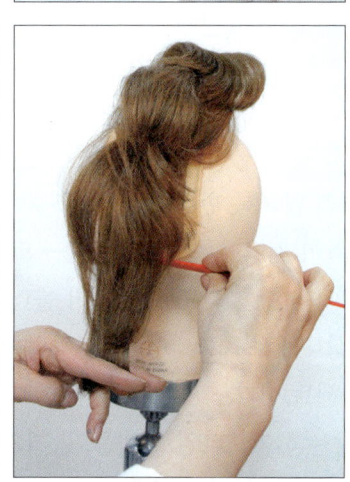

16 두발의 볼륨과 겉표면의 질감을 매끄럽게 빗질하여 마무리한다.

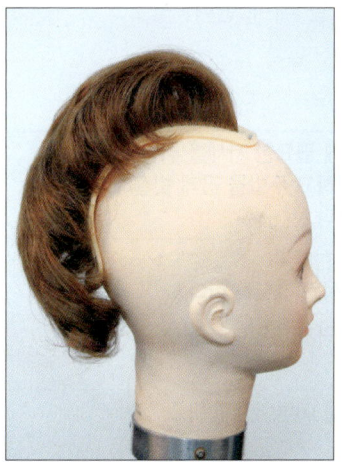 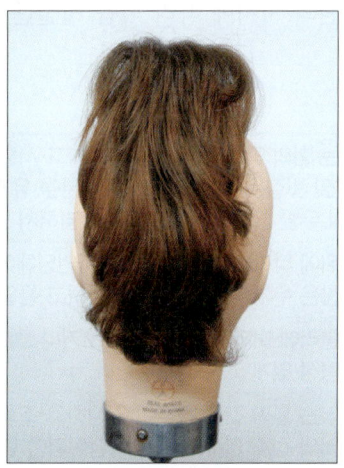

Chapter 05 레이어형 롤 세팅

01 레이어형 롤 세팅

(1) 실기시험 요구사항

① 시간은 30분이다.
② 충분하게 적신 두발에 6등분으로 블로킹한다.
③ 롤러 사용개수는 31개 이상. 롤러 크기는 대(大), 중(中), 소(小)를 사용한다.
④ 모발의 길이에 따라 롤러 크기는 선택하여 사용한다.
⑤ 롤 세팅 작업 시 와인딩은 상단에서부터 하단으로 와인딩한다.
⑥ 롤러의 방향, 고정, 탄력성, 간격 등이 알맞아야 한다.
⑦ 파팅은 롤러의 1직경이 넘지 않도록 한다.
⑧ 전체적인 작품 순서를 정확히 지켜야 한다(프린지 → 크라운 → 백 → 네이프 순으로).
⑨ 모다발(판넬)은 모류 처리에 적합한 각도에 맞추어 롤러를 정확히 세트한다.
⑩ 두발을 롤러에 와인딩한 상태에서 헤어망을 씌워 적절한 열처리를 한다.
⑪ 롤러를 제거 후 마무리(리세트)한다.
⑫ 요구사항에서 제시하지 않은 헤어스타일링 제품 및 기기를 사용할 수 없다.
⑬ 시험시간 종료 후에는 빗질 등을 하면서 작품 및 도구를 만져서는 안된다.
⑭ 채점이 종료된 후 시험위원의 지시에 따라 다음 시술준비를 해야 한다.

(2) 실기시험 배점 적용

기본자세 및 숙련도	• 몸의 자세는 힘의 안배와 균형을 유지하고 시술에 필요한 자세를 취한다. • 물 축이기 및 빗질은 두발에 알맞은 수분을 유지하고 두발을 곱게 빗질해야 한다. • 스트랜드의 두발 끝 부분을 롤러 폭에 넓혀서 만다.
롤러의 배치 각도 및 방향	• 두부의 부위에 따라 120°, 90°, 45°로 와인딩해야 한다. • 롤러의 방향은 두부 부위에 따라 일정하고 통일성을 갖도록 한다.
롤러의 탄력성	• 와인딩한 롤러에 머리카락이 빠져나오거나 흐트러지지 않도록 한다. • 롤러는 탄력성 있게 고정되어야 한다.
전체조화	• 배치된 롤러는 롤러 간의 간격이 일정하고 조화를 이루어야 한다. • 시술한 롤러의 전체 개수는 31개 이상이어야 한다. • 롤러의 크기를 두부 부위에 따라 빈 공간 없이 고루 배열시켜야 한다. • 전두부 및 두정부 大(대)롤러, 측두부 中(중)롤러, 네이프 小(소)롤러로 한다.

레이어형 롤 세팅

앞면

뒷면
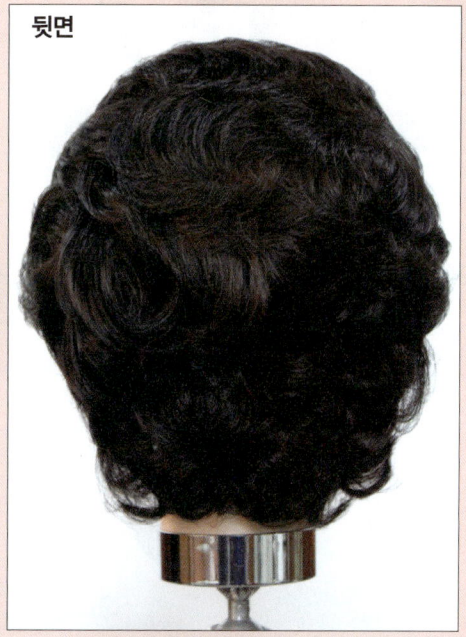

우측

좌측

Part IV 블로 드라이 및 롤 세팅

레이어형 롤 세팅 준비물

준비물

롤러 : 대(大) 10개, 중(中) 15개, 소(小) 6개(총 31개 이상), 꼬리빗, 헤어망, 분무기, 핀셋, S브러시, 홀더, 마네킹, 드라이, 타월 1장

레이어형 롤 세팅 블로킹 과정

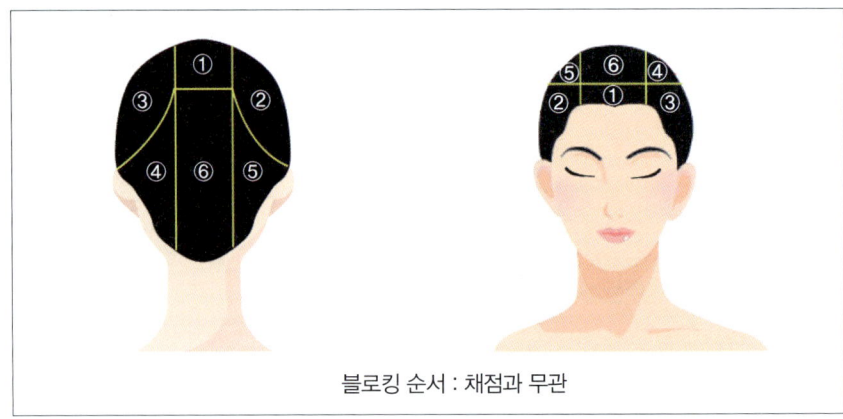

블로킹 순서 : 채점과 무관

◉ 블로킹 과정

01 C.P 중심으로 롤러 길이만큼(약 6.5cm) 선을 나눈다.

02 사이드는 약 7cm 폭으로 E.B.P 뒷선까지 연결해서 곱게 빗질한 후 핀셋으로 고정한다.

03 양 사이드를 블로킹한 모습이다.

Hairdresser Performance Test

04 양 사이드를 프린지와 연결해서 네이프 사이드 포인트에서 2cm 위치로 나눈다.

05 블로킹이 완성된 모습이다.

레이어형 롤 세팅 시술과정

[프린지, 백 센터 와인딩하기]

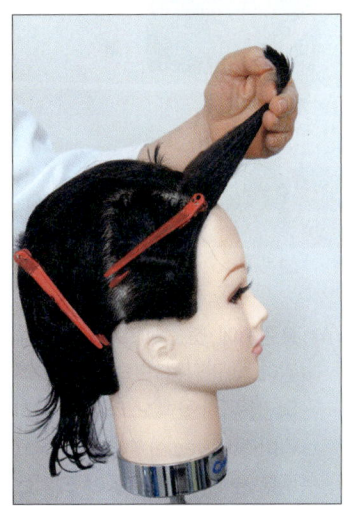

01 마네킹 자세를 바르게 하고 분무기로 두발에 물을 분무한 후 대(大)롤러(3cm) 지름만큼 슬라이스하여 120° 정도 들어 모근에서 두발 끝으로 빗질한다.

Chapter 05 | 레이어형 롤 세팅   **219**

Part IV 블로 드라이 및 롤 세팅

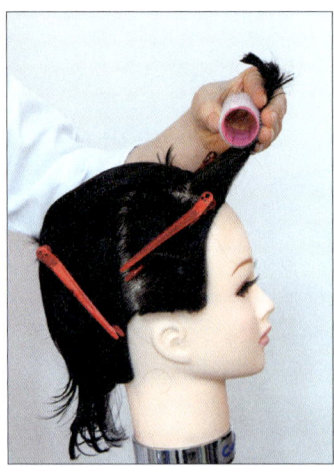

02 두발 안쪽에 롤러를 대고 두발 끝을 밀착시켜 텐션을 주면서 위로 끌어올리면서 와인딩한다.

03 롤러를 모근쪽으로 방향감을 주면서 꼬리빗으로 두발 끝을 흩어지지 않도록 고정시켜 베이스 중앙에 지그시 눌러서 고정한다.

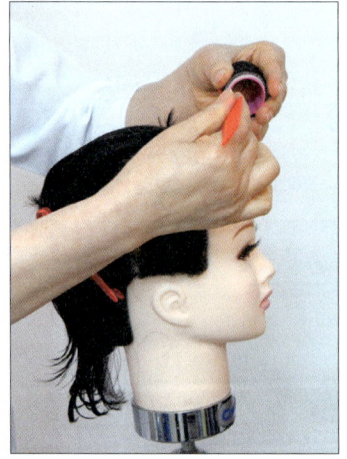

04 프린지에 첫 번째로 롤러 컬을 감아 와인딩된 모습이다. 롤러의 방향은 올백 스타일에 맞게 리버즈(Reverse) 방향으로 하고 두부 부위에 따라 롤러 크기는 대(6개), 중(3개), 소(2개)를 적절하게 배열한다.

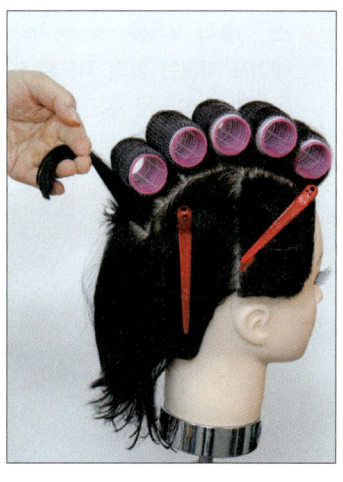 

05 대(大)롤러를 연속해서 와인딩할 때 모근에서 두발 끝으로 곱게 빗질을 하여 텐션을 알맞게 준다.

06 대(大)롤러 6개가 와인딩된 모습이다. 정수리 부분은 롤러의 간격을 일정하게 스트랜드 폭을 뜨며, 각도는 논 스템 → 하프 스템 순으로 와인딩한다.

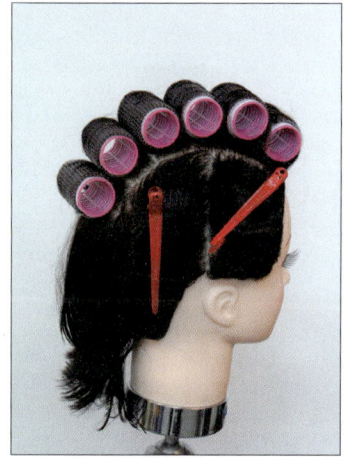 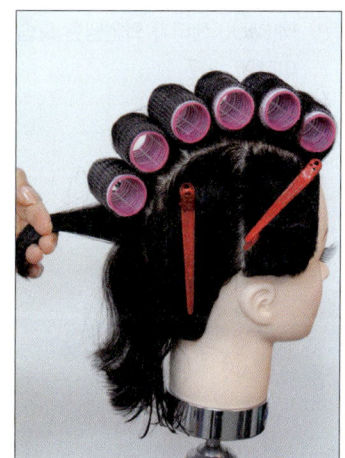

07 롤러에 두발이 들쑥날쑥되지 않도록 펼쳐서 와인딩하고 빗질은 매끄럽고 바르게 한다. 롤러의 사이가 벌어지지 않도록 스트랜드 각도에 주의한다. 중(中) 롤러 3개를 연속 와인딩한다.

Part IV 블로 드라이 및 롤 세팅

 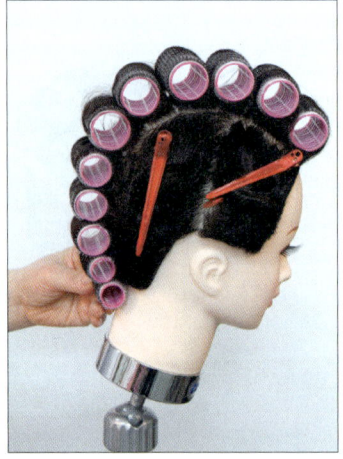

08 소(小)롤러 2개를 와인딩한다. 네이프 부분은 롤러 각도를 다운시켜 매끄러운 질감을 갖게 하고 두발이 롤러 밖으로 빠져 나오지 않도록 한다.

09 백(Back) 센터가 와인딩된 모습이다.

체크 Point

프린지, 백 센터 롤러 배치 : 대(大) 6개, 중(中) 3개, 소(小) 2개

[오른쪽, 왼쪽 백 사이드 와인딩하기]

10. 오른쪽 백(Back) 사이드부터 대(大) 롤러로 와인딩한다. 첫 번째는 삼각 베이스로 슬라이스하여 온 베이스 와인딩하며, 백(센터) 부분 6번째 대(大) 롤러와 같은 곳에 위치하도록 한다.

11. 와인딩한 롤러에 두발이 빠져나오거나 흐트러지지 않도록 하며, 두발을 곱게 빗질한다. 대각선의 슬라이스와 롤러의 위치를 평행하게 하는 것이 포인트이다.

12. 네이프는 스템의 각도를 다운시키면서 대각으로 롤러를 고정한다.

Part IV 블로 드라이 및 롤 세팅

13 오른쪽 백 사이드를 완성한 모습이다.

체크 Point

오른쪽 백 사이드 롤러 배치 :
대(大) 1개, 중(中) 3개, 소(小) 2개

14 오른쪽 백 사이드와 동일한 방법으로 와인딩한다.
롤러 위치는 한쪽으로 기울지 않도록 고르게 배열한다.

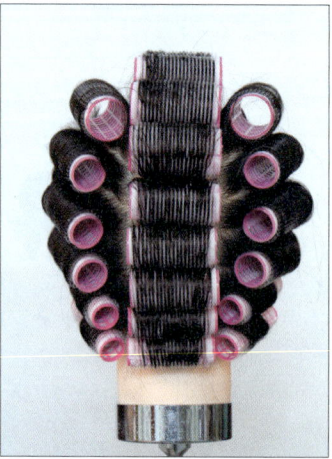

15 왼쪽 백 사이드를 완성한 모습이다.

체크 Point

왼쪽 백 사이드 롤러 배치 :
대(大) 1개, 중(中) 3개, 소(小) 2개

Hairdresser Performance Test

[오른쪽, 왼쪽 사이드 와인딩하기]

16 오른쪽 사이드부터 와인딩한다. 롤러는 롤러간의 간격이 일정하고 조화를 이뤄야 하며, 두부 부위에 따라 크기를 고루 배열시킨다.

17 오른쪽, 왼쪽 사이드를 와인딩한 모습이다. 롤러의 개수는 31개 이상이어야 한다.

체크 Point

오른쪽, 왼쪽 사이드 롤러 배치 : 대(大) 1개, 중(中) 3개

Chapter 05 | 레이어형 롤 세팅

Part IV 블로 드라이 및 롤 세팅

18 롤 세팅이 완성된 모습이다.

[열처리와 리세트하기]

19 헤어망을 씌워서 두발이 흩어지는 것을 막아준다.

헤어 드라이를 사용하여 두부 *20* 전체에 열처리를 한다.

21 두발이 마르면 롤러를 떼어 낸다.

22 콤아웃하기 위해 브러시를 사용하여 얼굴 뒤쪽으로 빗어서 볼륨감을 주고 겉표면의 질감을 매끄럽게 빗질한다. 두발이 갈라지면 백콤을 넣어 연결하고 스타일링을 완성한다.

Part V
퍼머넌트 웨이브

국가기술자격시험 미용사 일반 실기

Chapter 01　　퍼머넌트 웨이브의 기초

Chapter 02　　퍼머넌트 웨이브의 절차 및 방법

Chapter 03　　퍼머넌트 웨이브의 기본형

Chapter 01 퍼머넌트 웨이브의 기초

01 블로킹(Blocking)과 베이스 섹션(Base section)

① 블로킹과 섹션은 퍼머넌트 웨이브의 디자인에 따라 두발을 로드에 효율적으로 와인딩하기 위해 두상을 구획하는 것이다.
② 블로킹은 로드의 크기, 종류, 디자인에 따라 다르다.
③ 섹션은 퍼머넌트 웨이브의 디자인에 따라 수평, 수직, 대각, 삼각, 사각 등의 형태로 와인딩의 방향을 설정하며, 블로킹에 따라 섹션의 모양이 달라지므로 방향성을 잘 고려하여 설정해야 한다.
④ 보통 로드 길이보다 작게 하는 것이 효과적이며, 두발 숱이 적거나 짧은 두발에 지그재그 섹션으로 와인딩하면 섹션 라인이 뚜렷하게 생기는 것을 막을 수 있다.

(1) 블로킹의 종류

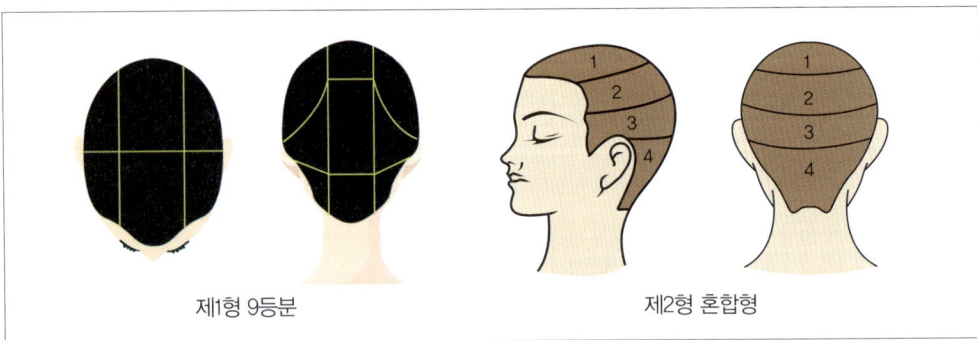

제1형 9등분   제2형 혼합형

> **체크 Point**
> - 스트랜드(Strand) : 가닥으로 가른 두발 또는 한 단위를 형성하는 두발
> - 파팅(Parting) : 시술이 용이하게 섹션 내의 머리를 적절히 나누는 것
> - 섹션(Section) : 부분, 구면, 칸막이 등의 의미로 블로킹으로 구분

(2) 베이스의 모양

① **직사각형**
  ㉠ 프론트 중앙이나 백 포인트(B.P) 중앙에 위치할 수 있다.
  ㉡ 직사각형 섹션은 직사각형의 베이스로 소구분한다. 넓이는 사용되는 로드의 길이와 일치해야 한다.

② **삼각형**
  ㉠ 베이스 모양이 삼각형과 사다리꼴이다.
  ㉡ 머리 전체에 위치할 수 있으며 연결지역에 많이 쓰인다.

③ **사다리꼴** : 탑이나 백 부분, 만나는 지점 즉, 크라운과 사이드 연결지역에 쓰인다.

④ **오블롱**
  ㉠ 두 개의 평행면과 하나의 오목선, 하나의 볼록선을 가진 곡면형이다.
  ㉡ 머리 어느 곳에나 위치할 수 있으며, 오블롱 베이스가 교차할 때 웨이브가 생긴다.
  ㉢ 오블롱은 장사방형의 베이스로 소구분된다.

⑤ **원형**
  ㉠ 중앙으로부터 모두 같은 거리에 있는 점들을 선으로 그렸을 때 만들어지는 형태이다.
  ㉡ 퍼머넌트에서 반원과 1/4원은 두상의 곡면에 위치하고 다른 모양의 블렌딩(Blending)을 위해 사용된다. 원형을 만들기 위해서는 삼각형 모양의 베이스가 필요하고 만약 원형이 확장되면 바깥쪽 부분은 사다리꼴 베이스로 소구분된다.

(3) 베이스의 크기

① 베이스 크기는 퍼머넌트 기구의 지름과 길이에 의해 결정된다.
② 1직경 베이스 크기가 가장 기본적으로 사용되며, 퍼머넌트 기구 길이에 따라 베이스 길이가 결정된다.

③ 베이스 크기의 종류
  ㉠ 1직경 베이스는 로드 지름 + 로드 길이를 더한 값이다.

  ㉡ 1.5직경 베이스는 기구 1개의 지름과 반지름을 더한 값이다.

  ㉢ 2직경은 기구 2개의 지름으로 측정된 베이스를 말한다.

체크 Point
스파이럴식 와인딩(나선형)을 위한 직사각형과 삼각형의 베이스는 기구의 지름으로 측정된다.

(4) 베이스(Base) 폭을 잡는 법

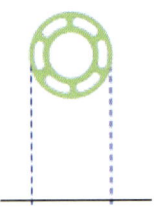
- 베이스 폭은 로드의 1지름이 원칙이다.

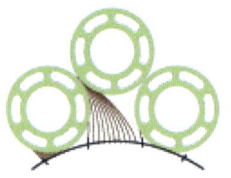
- 베이스 폭이 좁기 때문에 밀려 올라간다.

- 베이스 폭이 넓기 때문에 미끄러져 어긋난다.

- 모근에 방향이 생긴다.

(5) 베이스에 따른 로드의 위치(Base control)

Base 크기	와인딩 시술각	로드 위치	웨이브 모양	특징
On base 1직경				• 강한 웨이브, 큰 볼륨에 사용한다. • 지그재그 파팅을 사용하며, 파팅 자국이 선명하다는 단점이 있다.
Half base 1직경				• 파팅 자국이 약하고, 볼륨감이 있다. • 연결이 잘 되어 일반적으로 80~90% 사용한다.
Off base 1직경				• 볼륨이 약하다. • Back 또는 Nape line에 사용하며, 헤어라인 주변에 쓰인다.
Under directed 1.5~2직경				• Nape 및 Cowlick 지역에 사용한다. • 볼륨이 적다.
Over directed 1.5~2직경				• 모근이 꺾여 퍼머넌트에 사용하기는 적당하지 않다. • 볼륨이 없고 방향감만 형성한다. • 세팅, 드라이에 사용한다.

> **체크 Point**
> 두발의 시술 각도가 로드의 위치에 직접적으로 영향을 주며, 그 결과 볼륨과 팽창감이 생기게 된다.

02 스템(Stem)

스타일에 따른 두발의 흐름을 퍼머넌트 웨이브로 연출하고자 할 때는 스템의 각도와 함께 스템의 방향성도 중요하다.

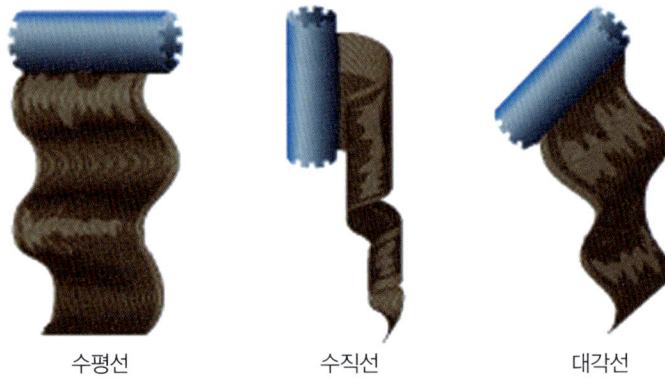

수평선　　　　　수직선　　　　　대각선

(1) 스템의 방향성

① 스템의 방향은 크게 수평, 수직, 대각선이 있다.
② 수평은 일반적으로 볼륨을 형성하고, 수직은 컬의 움직임을 표현하며, 대각선은 방향감을 준다.
③ 방향성은 특히, 짧은 헤어 스타일에 많은 영향을 준다.

(2) 스템의 방향에 따른 와인딩

① **포워드(Forward) 와인딩** : 앞을 향해서 와인딩한다.
② **리버즈(Reverse) 와인딩** : 뒤쪽을 향해서 와인딩한다.
③ **라운드(Round) 와인딩** : 둥근 곡선을 그리면서 와인딩한다.
④ **인덴테이션(Indentation) 와인딩** : 반대방향으로 머리 안쪽에 로드를 대고 와인딩하며, 볼륨이 없는 겉말음 효과를 얻는다.

○ 와인딩 종류

03 와인딩 방법(Winding techniques)

(1) 크로키놀식 와인딩(Croquignole winding)

① 두발 끝에서부터 시작하는 와인딩 방법으로 가장 많이 사용되는 기법이다.
② 오버랩(Overlap)이라고도 하며, 로드에 두발을 겹쳐 와인딩을 하여 웨이브 폭이 달라진다.
③ 긴 두발에서 짧은 두발까지 다양하게 와인딩할 수 있지만 긴 두발보다는 짧은 두발에 더 효과적이다.

(2) 스파이럴식 와인딩(Spiral winding)

① 스파이럴식 와인딩은 나선형의 와인딩을 말한다.
② 두피에서부터 두발 끝으로 와인딩하는 방법과 두발 끝에서 두피 쪽으로 와인딩하는 방법이 있다.
③ 두발을 겹치지 않게 회전시켜서 와인딩하는 방법과 트위스트해서 회전하는 와인딩 방법이 있다.
④ 대체로 길게 늘어 뜨린 헤어스타일에 효과가 있고, 동일한 웨이브를 얻을 수 있다.

(3) 압축(Compression)

두발을 기구 사이에 넣어 압축하여 질감의 효과를 만들어 내는 기법이며, 기구의 깊이에 따라 웨이브 폭을 다양하게 할 수 있다.

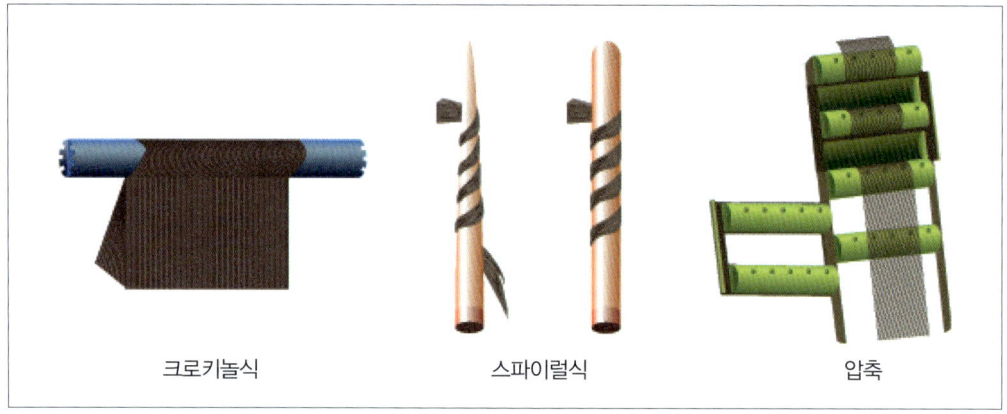

○ 와인딩 방법

04 퍼머넌트 와인딩(Permanent winding)

(1) 직사각형 형태(Rectangle pattern)

직사각형 형태는 일반적으로 가장 기본적인 퍼머넌트 형태로 여겨진다. 퍼머넌트 패턴의 단순성 때문에 정확하고, 빠르고, 쉽게 와인딩이 가능하다. 사이드에 로드 배열을 수평, 후대각, 전대각 등 다양하게 디자인할 수 있다.

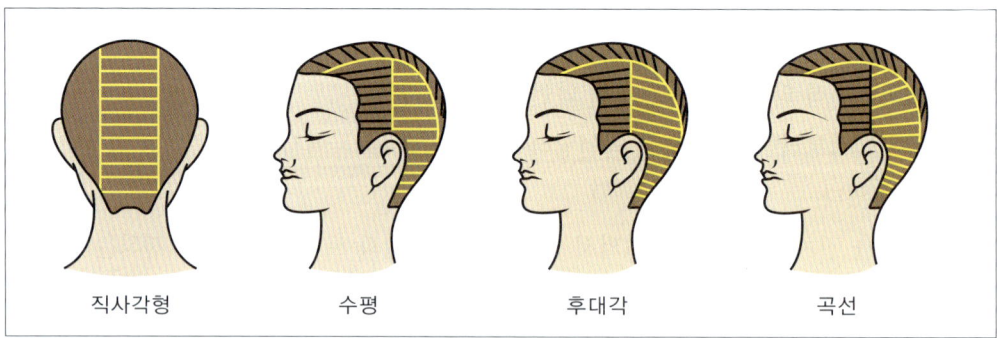

(2) 윤곽 형태(Contour pattern)

여러 방향 말기 형태로서 사이드 전체를 하나의 큰 타원으로 보고 적절한 파팅을 나누어서 와인딩한다. 이러한 파팅들은 머리의 윤곽을 형성함에 따라 점차 수평이 된다.

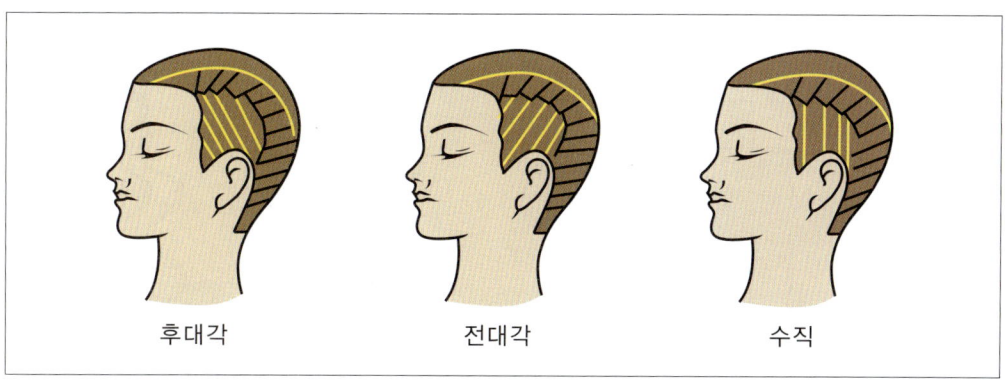

(3) 확장 원형 형태(Expanded circle pattern)

측면 모습은 커다란 곡선형태이고 확장원형의 바깥쪽 부분이다. 이 섹션들은 두상의 곡면에 따라 수직 대각 그리고 수평 파팅을 이용하여 삼각형, 사다리꼴 베이스로 소구분된다.

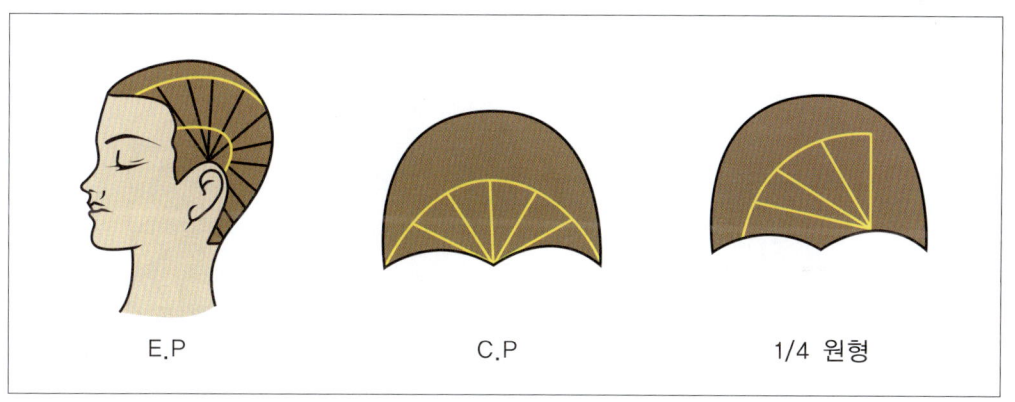

(4) 벽돌쌓기 형태(Bricklay pattern)

쌓은 벽돌 형태는 벽돌을 정교하게 빗어 쌓아 건물을 완성시키는 것에 비유할 수 있다. 이 형태는 지속적인 컬을 만들어 주고 베이스 사이에 틈을 주지 않도록 한다. 1-2 방식으로 퍼머넌트 형태를 만드는데 항상 열 중간에서 시작하고 하나나 두 개의 기구를 둔다. 다음 열로 옮겨가기 전에 그 열을 완성시킨다. 이 방법을 사용하면 베이스가 자연스럽게 연결된다.

① **기본 형태(수평, Horizontal)**

일반적으로 직사각형 베이스, 사다리꼴 베이스, 삼각형 베이스 모양을 사용하고, 겹침이나 압축기술 와인딩할 때 사용되며 로드는 수평, 대각, 수직으로 위치한다.

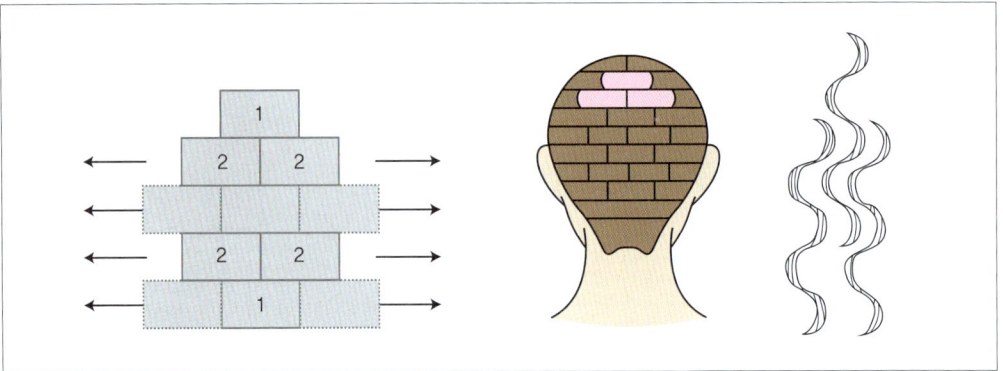

② 나선형 쌓은 벽돌 형태(수직, Vertical)

수직 베이스는 세로 말기와 나선형 말기 기술이 쌓은 벽돌 형태와 결합될 때 주로 사용된다.

삼각형이나 직사각형 모양의 베이스가 되며, 일반적으로 로드의 1지름을 사용한다.

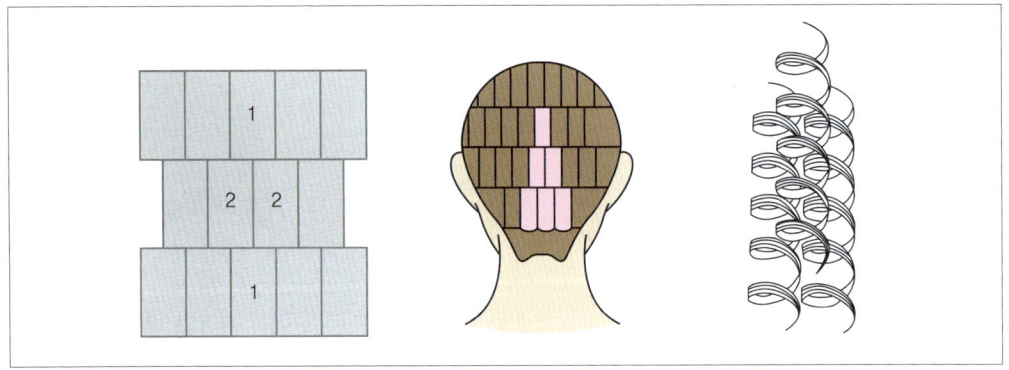

(5) 오블롱 형태(Oblong pattern)

오블롱이란 일련의 평행한 C선들로 이루어진 길게 늘어뜨린 형태이다. 이 모양은 각각의 양 끝이 오목하고 볼록하다. 이 모양 내에서는 두 개의 방향이 있다. 맨 위나 첫 번째 방향은 볼록한 끝 쪽으로 움직이고 바닥이나 두 번째 방향은 오목한 끝 쪽으로 움직인다. 오블롱이 교차될 때 교대 웨이브가 만들어진다.

① 볼륨 오블롱 형태(Volume oblong pattern)

볼륨 오블롱은 풍성한 느낌을 준다. 볼륨 오블롱 말기는 볼록한 끝에서 시작한다. 최초의 방향에서는 ∠45° 파팅을 하여 장사방형의 베이스에 Half base 와인딩을 한다.

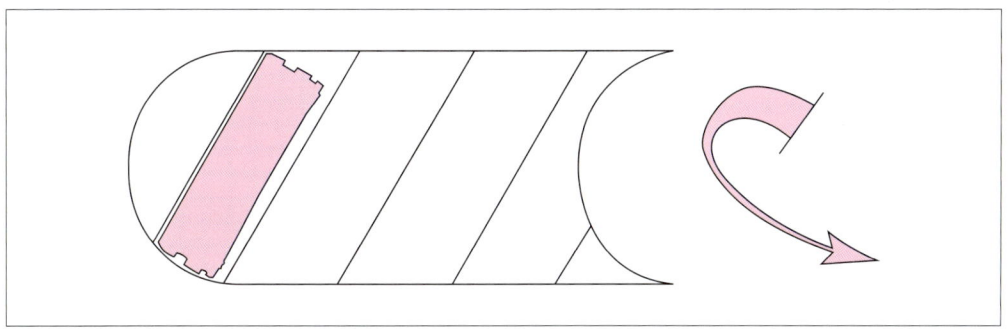

② 인덴테이션 오블롱 형태(Indentation oblong pattern)

톱니 모양으로 오블롱의 깊이를 만들어낸다. 인덴테이션 오블롱 말기는 오목한 끝에서 시작한다. 두 번째 방향에서 ∠45° 파팅하고, Off base로 와인딩을 한다.

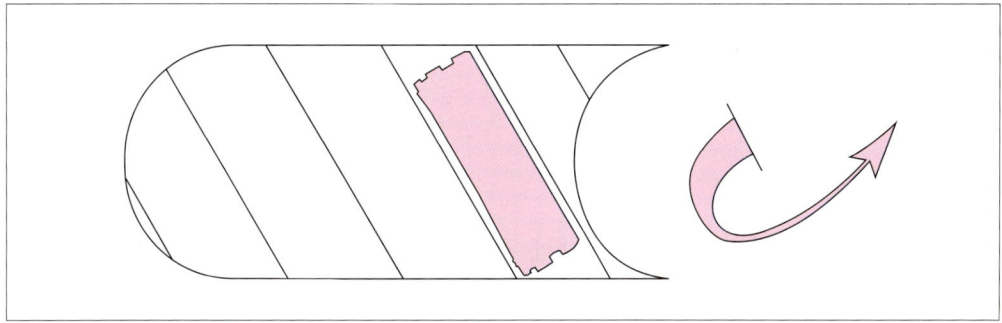

③ 교대 오블롱(Alternate oblong pattern)

방향을 바꿔서 움직이는 두 개 이상의 오블롱 웨이브 형태를 만든다.

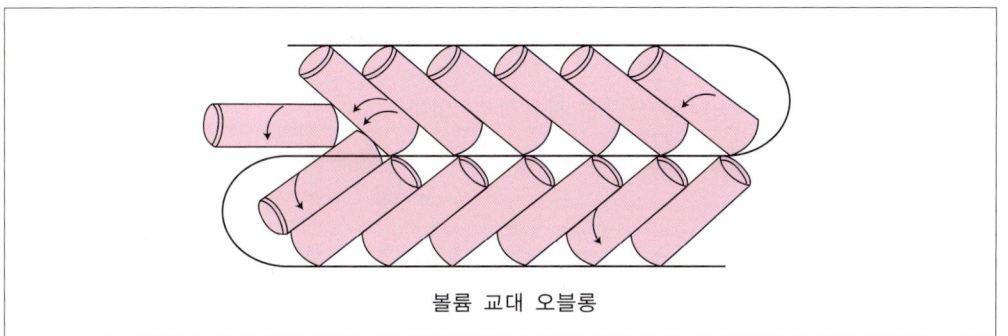

볼륨 교대 오블롱

Chapter 02 퍼머넌트 웨이브의 절차 및 방법

01 엔드 페이퍼(End paper) 사용 방법

퍼머넌트 와인딩을 수월하게 하고 두발 끝을 보호하기 위해 필수적으로 엔드 페이퍼를 사용 해야 한다.

(1) 단면 사용 방법

가장 기본적인 기술로 두발 윗면에 엔드 페이퍼를 올려놓고 움직이지 않도록, 검지와 중지로 납작하게 밀착시켜 로드를 아랫면에 대고 와인딩한다.

(2) 양면 사용 방법

엔드 페이퍼를 두발의 윗면과 아랫면에 겹치도록 대고 두발 끝을 감싸서 와인딩한다. 이 방법은 두발이 지나치게 손상되었거나 길이의 단차가 심할 때 사용한다.

(3) 책갈피 방법

① 두발을 검지와 중지 사이에 끼워 넣고 엔드 페이퍼를 반으로 접어 두발을 감싸는 방법으로 양면 사용 기법의 효과를 얻는다.
② 두발의 길이 단차가 너무 심하면 사용할 수 없다.
③ 스파이럴식 와인딩에 주로 쓰인다.

(4) 쿠션 방법

① 엔드 페이퍼를 두발 위에 올려놓고 감아 올라가는 기법이다.
② 짧은 두발을 잡을 때나 손상된 두발에 사용하면 쿠션 및 지지력 효과를 준다.

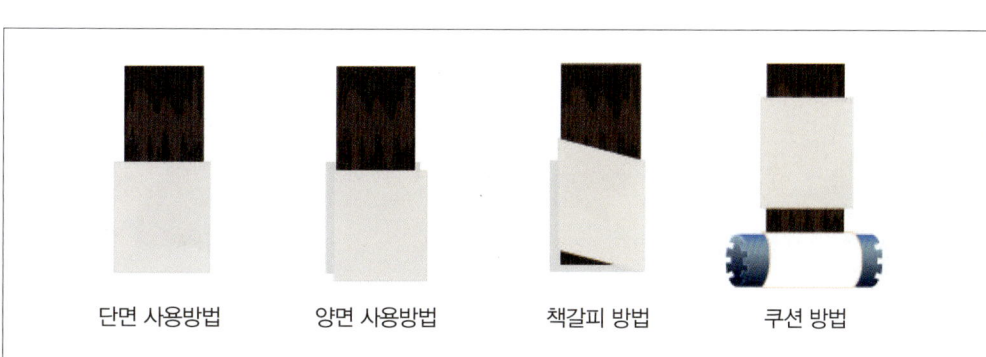

◎ 엔드 페이퍼 사용 방법

02 고무밴드 처리 방법

(1) 방법 I

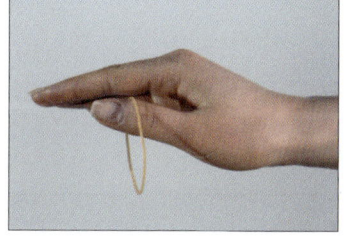

01 엄지손가락에 고무밴드를 건다.

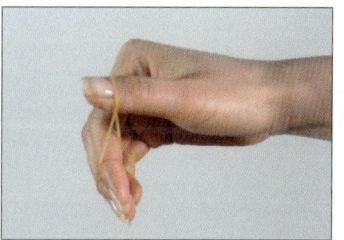

02 밴드 안으로 중지와 검지를 넣어준다.

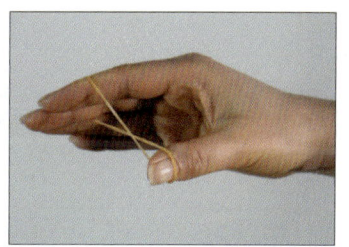

03 X자 모양이 되도록 펴준다.

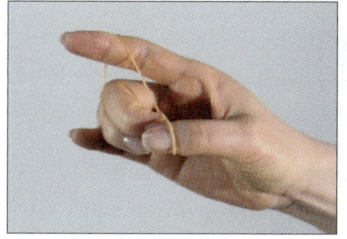

04 엄지 사이에 중지를 넣는다.

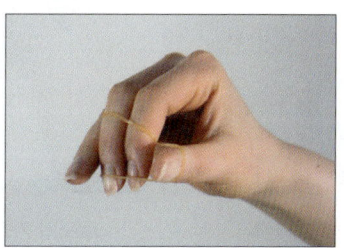

05 검지도 엄지 사이에 넣는다.

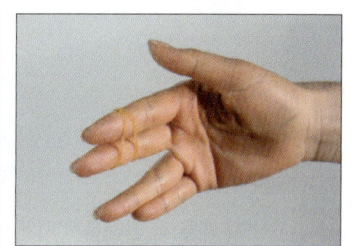

06 엄지를 빼고 고무밴드가 검지와 중지에 끼워진 모습(11자형 밴딩 처리)

(2) 방법 Ⅱ

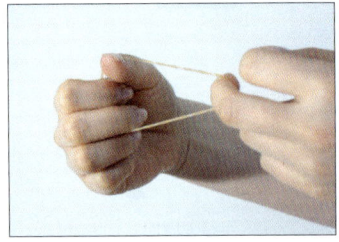
01 손가락에 고무밴드를 걸고 다른 한 손으로 밴드를 벌린다.

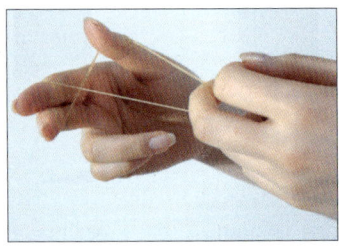
02 X자가 되도록 트위스트한다.

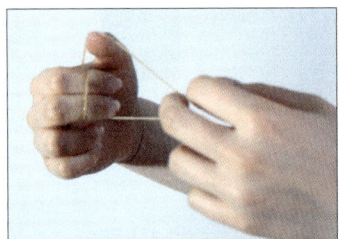
03 다른 한쪽으로 검지와 중지를 넣어준다.

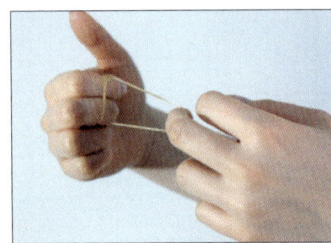
04 엄지와 다른 한 손가락을 뺀다.

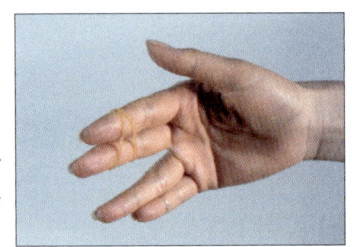
05 고무밴드가 검지와 중지에 끼워진 모습 (11자형 밴딩처리)

03 로드에 고무밴드 처리 방법

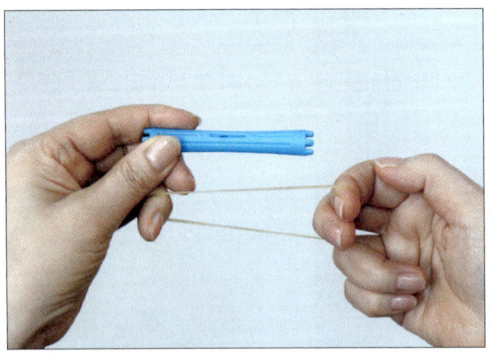
01 11자 밴딩 후 반대쪽 약지에 밴딩을 건다.

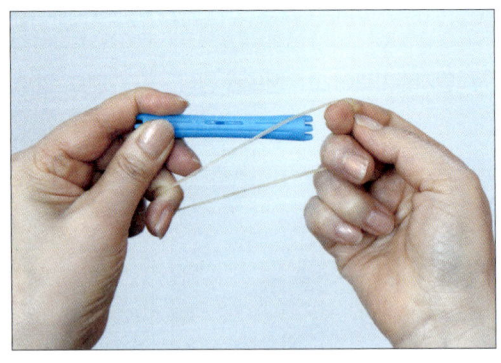
02 로드의 가장자리 1/2 지점에 밴딩을 건다.

Hairdresser Performance Test

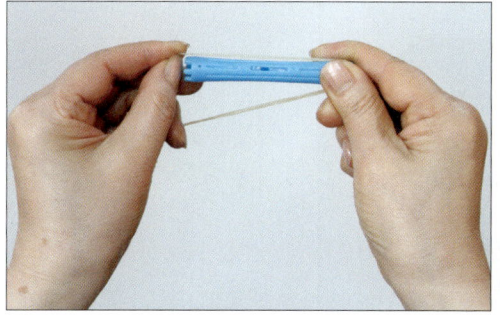
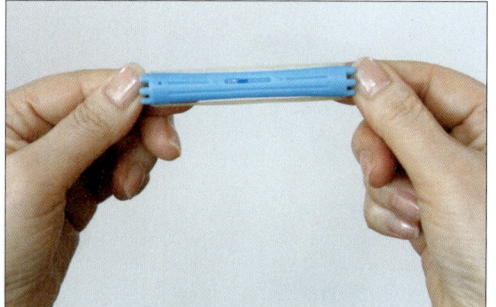

03 걸어둔 부분에 로드를 잡고 다른 한 손에 밴딩을 똑같은 위치에 건다.

04 로드에 고무밴딩 처리 후 모습이다.

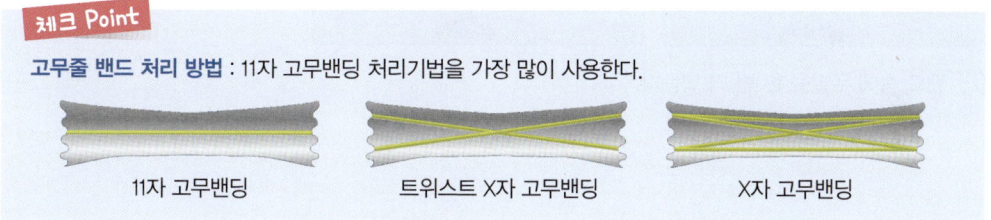

체크 Point

고무줄 밴드 처리 방법 : 11자 고무밴딩 처리기법을 가장 많이 사용한다.

11자 고무밴딩   트위스트 X자 고무밴딩   X자 고무밴딩

04 블로킹밴드 처리 방법

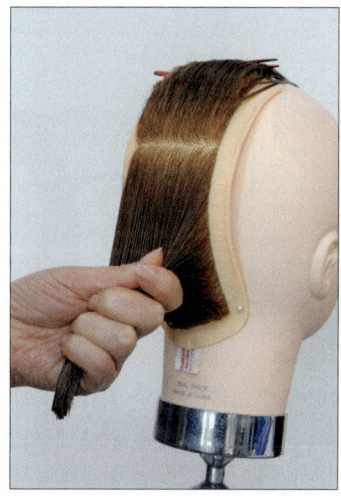
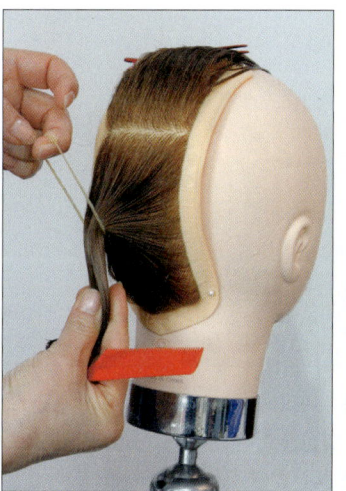
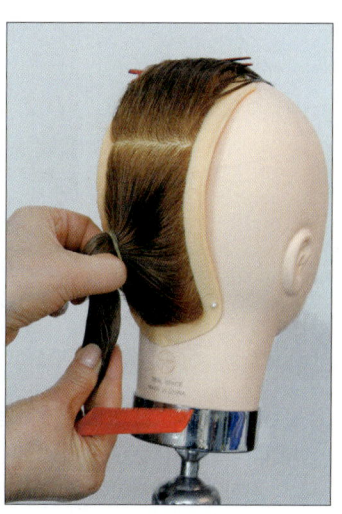

01 두발에 물을 충분히 분무하고 깨끗하게 빗질한 후 두발을 잡는다.

02 11자 밴딩처리 후 밴드 속에 두발을 넣은 다음 X자로 틀어준다. 밴드 속에 두발을 한 번 더 넣는다.

Chapter 02 | 퍼머넌트 웨이브의 절차 및 방법

Part IV 퍼머넌트 웨이브

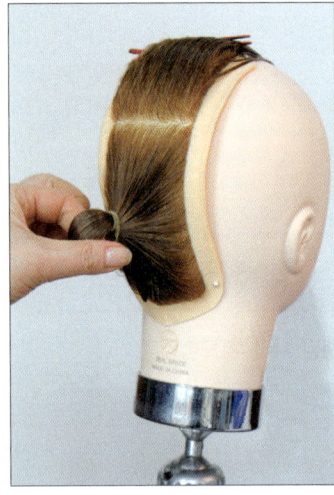 

03 밴드 속에 두발을 한 번 더 넣는다.

05 와인딩 방법

(1) 기본 와인딩 90°(Half base)

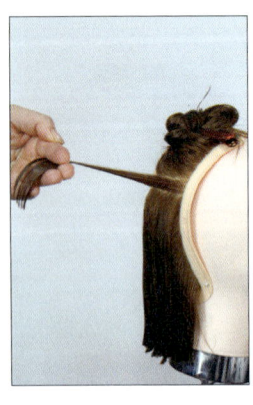 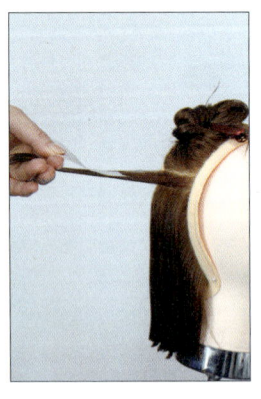 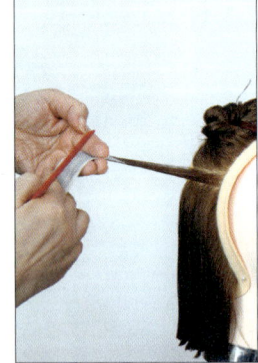 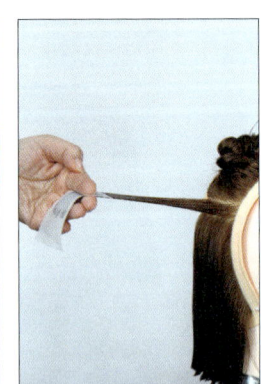

01 두발에 물을 충분히 분무한 다음 로드의 지름만큼 슬라이스를 떠서 90°로 깨끗하게 빗질을 한다. 왼손의 검지와 중지 사이에 두발을 끼운다. 항상 꼬리빗을 오른손에 쥐고 와인딩한다.

02 두발에 엔드 페이퍼를 잘 붙인다. 양손 검지와 중지 사이의 엔드 페이퍼가 두발 끝에서 2~3cm 내려오도록 약간 당기면서 두발 끝을 안말음 상태를 유지한다. 이 때 두상 곡면에서 각도 90°를 든다.

Hairdresser Performance Test

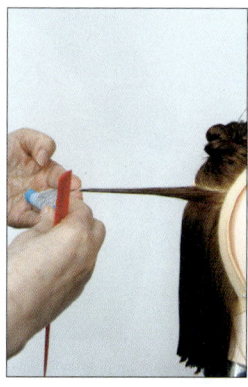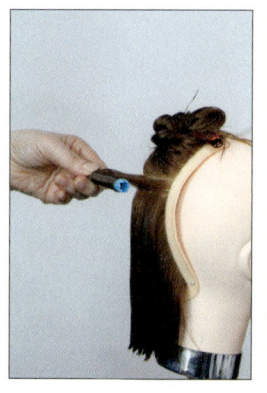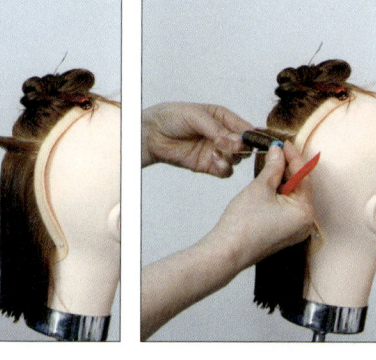

03 두발 끝에 로드를 대고 오른손 엄지와 검지를 사용하여 약간 당기면서 엔드 페이퍼를 안으로 접어 넣는다. 처음 들었던 각도를 그대로 유지한다.

04 고무밴드가 두피와 11자가 되도록 끼우고 모근 쪽에 깊이 들어가지 않도록 한다. 로드의 위치는 Half base이다.

(2) 90° 이상 세우는 와인딩(On base)

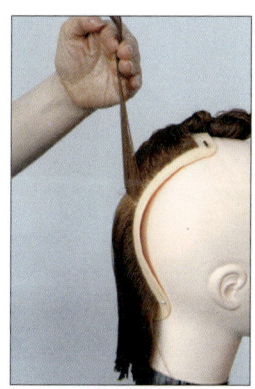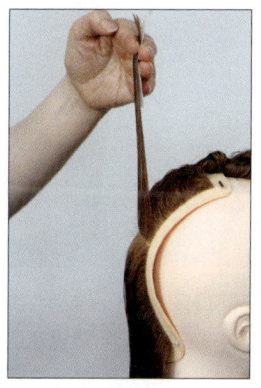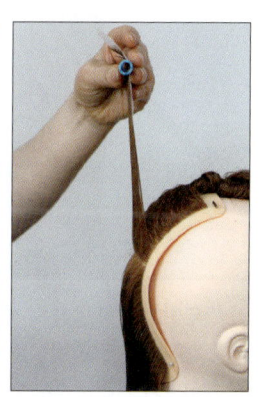

01 두발에 물을 충분히 분무한 다음 1직경 스트랜드를 90° 이상 들어 빗질을 하며, 모근에서 두발 끝으로 로드가 말리는 방향으로 한다.

02 왼손 검지와 중지 사이의 스트랜드의 두발에 엔드 페이퍼를 붙인 다음 로드를 대고 약간 당기면서 와인딩할 자세를 취한다. 로드를 두발 안쪽에 댄 후 꼬리빗을 이용해 엔드 페이퍼를 안으로 넣어준다. 로드는 슬라이스와 평행하게 위치하면서 텐션을 고르게 주어 흔들리지 않고 안정감 있게 한다.

Chapter 02 | 퍼머넌트 웨이브의 절차 및 방법 **245**

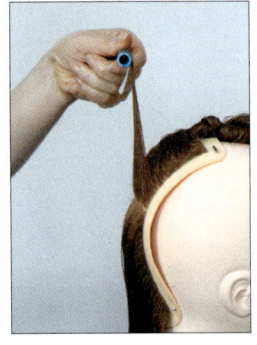 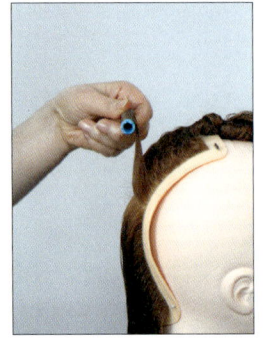 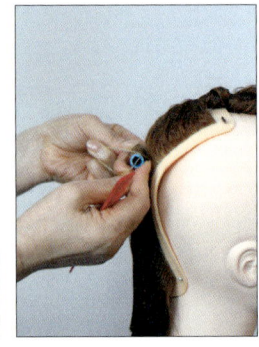 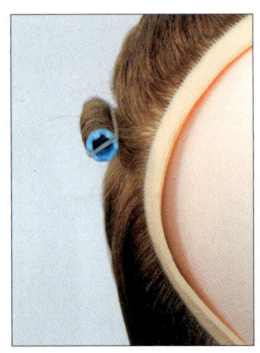

03 처음 들었던 각도를 그대로 유지하면서 두발이 빠져나오지 않도록 한다. 모근까지 텐션을 일정하게 유지한다.

04 고무밴드가 두피와 11자가 되도록 끼워주고, 모근쪽으로 깊게 들어가지 않도록 한다. 로드의 위치는 On base이다.

(3) 45° 이하 와인딩(Off Base)

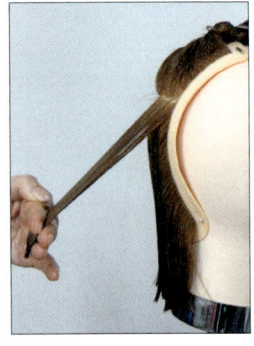 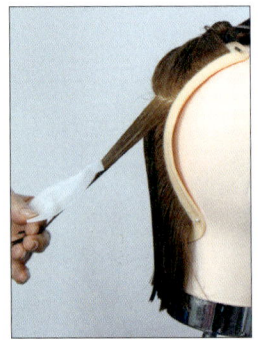 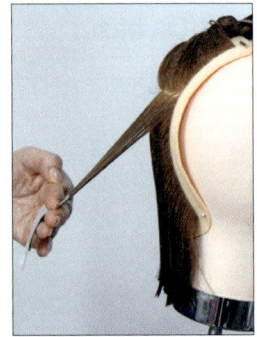 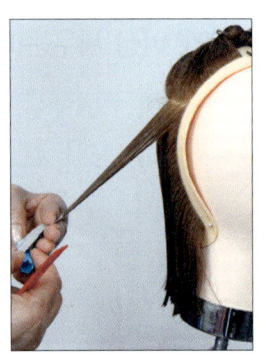

01 두발에 물을 충분히 분무한 다음 1직경 스트랜드를 45° 정도 들어 빗질을 하며, 모근에서 두발 끝으로 로드가 말리는 방향으로 한다. 꼬리빗은 항상 오른손에 쥐고 와인딩한다.

02 왼손 검지와 중지 사이에 두발을 고정한 후 엔드 페이퍼를 스트랜드에 붙이면서 두발 끝에서 엔드 페이퍼가 2~3cm가 밖으로 나오도록 당긴다.

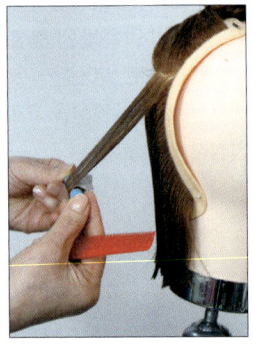 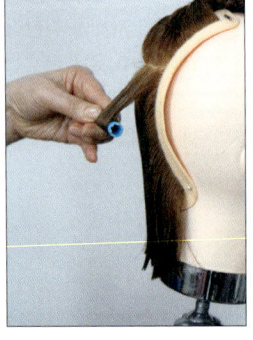 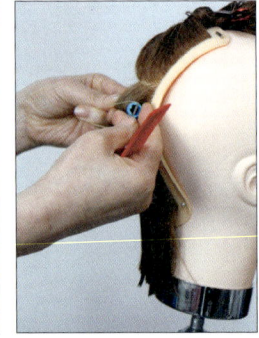 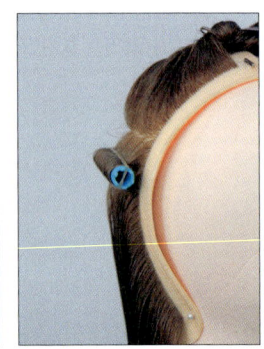

03 처음 들었던 각도를 그대로 유지하면서 두발이 빠져나오지 않도록 한다.

04 고무밴드가 두피와 11자가 되도록 끼워주고 모근쪽으로 깊게 들어가지 않도록 한다. 로드의 위치는 Off base이다.

Chapter 03 퍼머넌트 웨이브의 기본형

01 제1형 기본형

(1) 실기시험 요구사항

① 시간은 35분이다.
② 기본형은 9등분 블로킹이다.
③ 고무밴딩기법은 반드시 11자형으로 하여야 한다.
④ 로드는 55개 이상을 사용하되, 두상 전체에 알맞은 규격의 로드를 각 부위에 따라 적당히 배치해야 한다.
⑤ 와인딩 된 로드의 위치는 두피에서 90°가 되도록 한다.
⑥ 와인딩 순서를 정확히 지켜야 한다.
⑦ 와인딩된 로드는 두피와의 각도 및 텐션에 무리가 없도록 하여야 한다.
⑧ 전체적인 작업순서를 정확히 지켜야 한다.
※ 한번 와인딩한 로드는 다시 풀어서는 안 된다(감점대상).

(2) 실기시험 배점 적용

기본기법 및 블로킹	• 몸의 자세는 바르게 한다. • 물 축이기는 전 과정을 통하여 알맞게 골고루 분무하여 적신다. • 블로킹은 정확성, 민활성, 블로킹의 고무줄 처리, 다음 동작 연결 등에 신경써야 한다.
와인딩 순서, 로드 배치	• 작업순서 준수사항은 지정되는 퍼머넌트 와인딩의 스타일(유행)에 알맞게 와인딩을 해야 한다. • 와인딩 및 로드 배치 방법에 주의한다.
슬라이스(Slice)기법, 빗질 및 로드의 간격	• 슬라이스 양의 적정량 • 빗질의 정성 및 숙련도 • 로드의 간격을 일정하게 하며 로드 위의 머리를 균일하게 분포시킨다. • 두발 끝이 꺾어지지 않도록 엔드페이퍼를 바르게 사용한다. • 스트랜드는 두상곡면에 직각이 되도록 로드를 위치한다.
각도, 고무밴딩기법 및 텐션(Tension)	• 두피와 모근부와의 각도 • 고무밴딩의 기법 • 텐션(긴장도)
전체 조화	• 퍼머넌트 와인딩의 정확성은 로드의 간격, 텐션, 로드의 배치를 통해 확인한다. • 조화미 • 9등분 경우 로드의 개수 55개 이상 배열한다. • 제2형 혼합형은 로드를 57개 이상 배열한다.

제1형 기본형(9등분)

기본 제1형 9등분 블로킹 준비물

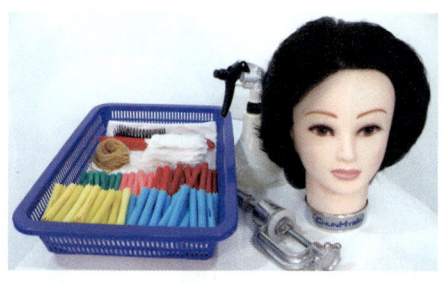

준비물

마네킹, 홀더, 분무기, 꼬리빗, S브러시, 밴드(80개), 페이퍼(80장), 흰 타월 1장

로드 크기 : 6호(파랑) – 30개, 7호(노랑) – 30개, 8호(빨강) – 20개, 9호(핑크) – 10개, 10호(녹색) – 10개

기본 제1형 9등분 블로킹 과정

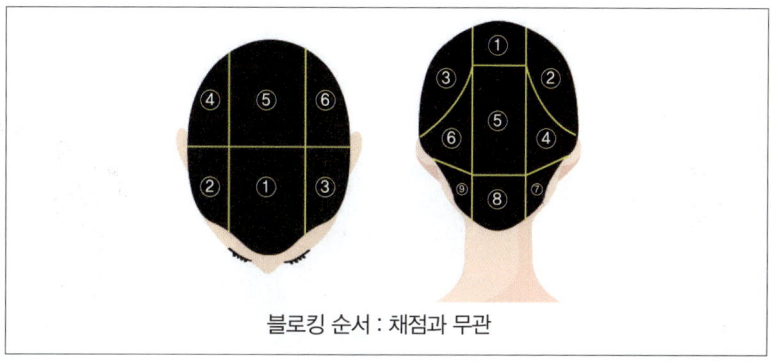

블로킹 순서 : 채점과 무관

🔸 블로킹 과정

01 두상의 위치를 똑바로 하고 두발에 물을 충분한 도포한다. 프린지 부분은 C.P에서 중심으로 로드의 길이만큼(약 7cm), T.P에서 중심으로(약 7cm) 넓이를 사각형으로 나누어 고무밴딩으로 고정한다.

Part IV 퍼머넌트 웨이브

02 양쪽 사이드 부분에 로드 길이만큼(약 7cm), T.P선과 E.B.P선을 두상 곡면을 따라 나누어서 고무밴딩 처리하면 앞부분이 3등분이다.

03 크라운 부분은 센터 백 라인을 중심으로 약 7cm 폭으로 직사각형 형태로 나누고 N.P에서 5cm 위쪽 지점을 수평으로 나누어서 고정한다. 양쪽 백 사이드는 E.B.P와 N.P에서 5cm 위쪽 지점과 연결하여 밴딩처리하면 3등분이다.

04 네이프는 크라운 부분과 연결하여 로드 9호 2개, 10호 2개 배열할 수 있도록 폭 약 5cm로 3등분한다.

합격 Point
블로킹할 때 고무밴딩처리가 스트랜드 중심에 위치하도록 고정한다.

기본 제1형 9등분 퍼머넌트 웨이브 과정

[(1)번 와인딩하기(네이프 중앙)]

01 두발에 물을 충분히 분무한 후 머리 위치를 앞숙임하여 네이프 중앙에서 처음으로 로드(9호 핑크)에 와인딩을 한다.

02 로드의 위치는 슬라이스와 평행하게 하여 ∠90°로 와인딩한다.

03 와인딩한 로드에 11자 고무 밴딩한다.

04 두발이 로드 위에 균일하게 감길 수 있도록 당기는 힘을 분배한다.

05 1번 와인딩된 모습이다.

[(2)번 와인딩하기(우측 네이프)]

06 우측 네이프 사이드 부분은 대각선 슬라이스하여 90° 든다.

07 두발 끝 부분이 꺾이지 않도록 엔드 페이퍼를 두발보다 2~3cm 밖으로 당긴다.

08 슬라이스와 평행한 위치로 로드를 배열한다.

09 작은 로드가 균일하게 와인딩된 모습이다.

[(3)번 와인딩하기(좌측 네이프)]

10 우측, 네이프 사이드 부분과 같은 방법으로 한다.

11 대각선으로 떠서 90° 든다.

12 로드 10호(녹색)를 1지름만큼 슬라이스한다.

13 두발이 들쑥날쑥하게 되지 않도록 빗질과 텐션 조절을 잘하도록 한다.

14 네이프 와인딩 모습이다.

합격 Point
- 로드 위에 와인딩된 두발의 양이 균일하게 분포되도록 한다.
- 엔드페이퍼가 불규칙하게 보이지 않도록 한다.

Part IV 퍼머넌트 웨이브

[(4)번 와인딩하기(센터 백)]

15 블로킹을 풀어서 빗질한 후 충분한 물을 분무한다.

16 로드 6호(파랑) 1지름을 수평으로 슬라이스하여 90° 이상으로 든다.

17 두발 끝을 곧게 빗질하여 페이퍼가 두발을 보호할 수 있도록 충분히 당기면서 와인딩한다.

18 두발에 자국이 가지 않도록 고무밴딩 처리한다.

19 로드 6호(파랑)를 8개 배열한다.

20 로드 7호(노랑)를 두상 곡면에서 90° 들어서 만다.

21 빗질은 모근에서 두발 끝으로 일정한 각도를 유지한다.

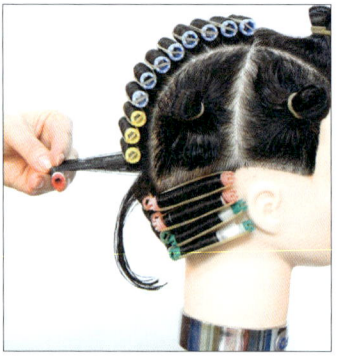

22 두발을 잘 펼쳐서 로드 위에 균일하게 배열한다.

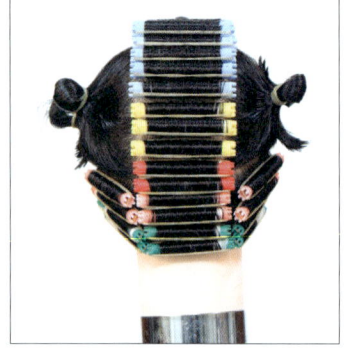

23 네이프 부분과 잘 연결하여 와인딩한 모습이다.

[(5)번 와인딩하기(우측 백 사이드)]

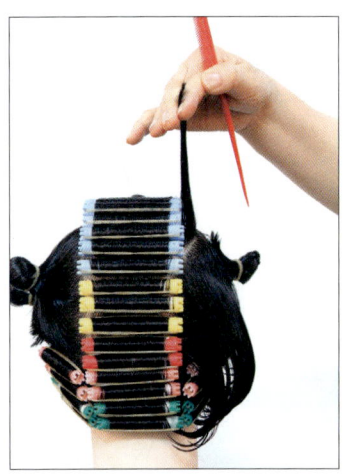

24 우측 백 사이드는 로드 6호(파랑)를 와인딩한다.

25 첫 번째는 삼각베이스를 하여 대각선으로 슬라이스하고 스트랜드 각도는 120°로 들어서 세워 만다.

26 로드가 한쪽으로 기울지 않도록 스트랜드 중심에서 정확히 빗질한다.

27 두상 곡면을 따라서 대각선으로 슬라이스하여 로드와 로드 사이가 일정한 간격을 유지하도록 배열한다.

28 두발에 물을 충분히 분무한다.

29 로드 8호(빨강)를 두상 곡면에서 90°로 유지한다.

합격 Point
와인딩한 로드의 간격이 1직경 이상 떨어지거나, 와인딩한 로드가 1직경 이하로 포개지지 않도록 한다.

Part IV 퍼머넌트 웨이브

합격 Point
- 와인딩 방법은 두발을 너무 당기거나, 느슨하게 하면 고른 웨이브가 형성되기 어렵다.
- 고무 밴딩은 모근에 무리가 되지 않도록 11자로 고정한다.

30 백 사이드 와인딩은 두상 곡면을 따라 곡선으로 연결한다.

[(6)번 와인딩하기(좌측 백 사이드)]

31 우측 백 사이드와 같은 방법으로 와인딩한다.

32 삼각베이스 아래 대각선에 로드를 위치한다.

33 대각선 슬라이스는 두상 곡면을 따라 로드의 일정한 간격을 네이프까지 연결한다. 두발을 빗질할 때 앞뒤로 하여 두발 결이 매끈하도록 한다.

Hairdresser Performance Test

34 백 센터 와인딩 로드와 배열을 대각선으로 한다.

35 텐션, 각도를 잘 유지하면서 페이퍼가 보이지 않도록 한다.

36 백 사이드 와인딩은 두상 곡면에 따라 배열한다.

37 좌측 백 사이드 와인딩된 모습이다.

Part IV 퍼머넌트 웨이브

[(7)번 와인딩하기(우측 사이드)]

38 우측 사이드부터 두발을 120°로 들어 6호(파랑) 2개를 와인딩한다.

39 사이드는 두상 곡면을 따라 약간의 사다리꼴 베이스가 되도록 한다.

40 두상 곡면을 따라 빗질을 곱게 하여 양손으로 두 번 정도 당기면 매끈한 와인딩을 할 수 있다.

41 로드 7호(노랑)는 백 사이드 개수와 동일하다.

42 수평으로 슬라이스하여 텐션, 각도, 고무밴딩 처리 기법을 정확하게 한다.

43 사이드에 유연하게 와인딩된 모습이다.

[(8)번 와인딩하기(좌측 사이드)]

44 우측 사이드와 동일한 로드 배열을 한다.

45 두상 곡면에서 1직경의 두발을 떠내 빗질을 정확히 하여 와인딩 후 매끈함에 중점을 둔다.

46 와인딩하는 도중에 짧은 두발이 스트랜드에서 빠졌을 때는 잡아당기지 말고 꼬리빗으로 다듬어서 로드에 와인딩한다.

47 엔드 페이퍼는 로드 밖으로 보이지 않게 한다.

48 스트랜드 폭을 일정하게 하여 로드의 배열을 균일하게 한다.

49 사이드가 두상 곡면을 따라 와인딩된 모습이다.

Part IV 퍼머넌트 웨이브

[(9)번 와인딩하기(프린지)]

50 9번 블로킹을 백으로 빗질한 상태이다.

51 프린지는 볼륨이 필요한 부분이므로 두발을 90° 이상으로 들어서 6호(파랑)로 세워말기 와인딩을 한다.

52 두발 끝이 잘 펴지도록 빗질을 정성껏 하여 로드에 감기는 방향으로 페이퍼를 밖으로 당기면서 말아간다.

53 로드와 로드 사이가 벌어지지 않도록 스트랜드 각도를 일정하게 하고 모근에서 곱게 빗질하여 두발 결이 로드 위에 균일하게 한다.

54 탑 부분과 프린지 배열을 일정하게 하여 잘 연결한다.

55 9등분 와인딩이 완성된 모습이다.

합격 Point

퍼머넌트 와인딩의 조화미는 로드의 간격, 텐션, 로드의 배열, 고무 밴딩 처리가 두발에 무리가 없으면서 웨이브가 잘 형성되도록 해야 한다.

Hairdresser Performance Test

02 제2형 혼합형

- 대각 와인딩(1단) = 로드 6호 파랑 14개 배열
- 오블롱 와인딩(2단) = 로드 7호 노랑 30개 배열
- 벽돌쌓기 와인딩(5단) = 로드 8호 빨강 13개 배열

(1) 실기시험 요구사항

① 시간은 35분이다.
② 블로킹은 4영역이다.
③ 고무밴딩처리는 11자형이다.
④ 로드는 57개 이상을 배열한다.
⑤ 로드배열위치 : 프론트 → 대형, 크라운 → 중형, 네이프 → 소형
⑥ 와인딩 된 로드 위치는 두상곡면에서 90°가 되도록 한다.
⑦ 블로킹은 전두부에서 후두부로 가로 4개의 영역으로 구분한다(단, 제1영역은 센터파트가 끝난 지점에서 약 7.5cm 정도 폭을 갖도록 작업한다).
  ㉠ 블로킹은 4영역(1단 : 약 7.5cm, 2단 : 약 4.5cm, 3단 : 약 4.5cm, 4단 : 약 7.5cm 정도)으로 블록을 만든다.
⑧ 블로킹(영역) 순서와 같이 와인딩한다.
  ㉠ 1영역은 프론트 센터 파트를 한 후 왼쪽에서 시작(마네킹 관점)하여 오른쪽 방향으로 와인딩한다.
  ㉡ 2영역은 1영역이 끝난 지점에 이어서 오른쪽에서 왼쪽 방향으로 두피 면에 대하여 45° 또는 그 이상의 각도로서 두상의 곡면에 따라 자연스럽게 와인딩한다.
  ㉢ 3영역은 2영역이 끝난 지점에 이어서 왼쪽에서 오른쪽 방향으로 오브롱 형태가 되도록 와인딩한다.
  ㉣ 4영역은 벽돌쌓기(원-투 기법) 형태가 되도록 와인딩한다.

03 수험자 유의사항

① 블로킹 작업 시 시술하기에 알맞게 젖은 모발에 작업한다.
② 유형(기본형, 혼합형)에 따라 와인딩 과정의 절차에 맞게 작업한다.

Part IV 퍼머넌트 웨이브

③ 와인딩 작업 시 로드의 사용개수는 기본형의 경우 55개 이상, 혼합형의 경우 57개 이상으로 하되 로드 크기(호수)는 6호, 7호, 8호, 9호, 10호를, 혼합형의 경우 6호, 7호, 8호를 골고루 사용하여 영역 또는 블로킹이 도면과 같이 배열되게 한다.
④ 블로킹(영역) 및 베이스 크기(직경)에 맞게 각각의 절차에 따라 정확히 시술한다.
⑤ 요구사항에서 제시하지 않은 헤어스타일링 제품 및 도구를 사용할 수 없다.
⑥ 시험시간 종료 후에는 빗질 등을 하면서 작품 및 도구를 만져서는 안 된다.
⑦ 채점이 종료된 후 시험위원의 지시에 따라 다음 시술준비를 해야 한다.

(1) 시험 배점적용

기본기법 및 블로킹	• 몸의 자세는 바르게 한다. • 물 축이기는 전 과정을 통하여 알맞게 골고루 분무하여 적신다. • 블로킹은 정확성, 민활성, 블로킹의 고무줄 처리, 다음 동작 연결 등에 신경써야 한다.
와인딩 순서 및 로드 배치	• 작업순서 준수사항은 지정되는 퍼머넌트 와인딩의 스타일(유행)에 알맞게 와인딩을 해야 한다. • 와인딩 및 로드 배치 방법에 주의한다.
슬라이스(Slice) 기법, 빗질 및 로드의 간격	• 슬라이스의 적정량 • 빗질의 정성 및 숙련 • 로드의 간격을 일정하게 하며 로드 위의 머리를 균일하게 분포시킨다.
각도, 고무밴딩 기법 및 텐션 (Tension)	• 두피와 모근부와의 각도 • 고무밴딩의 기법 • 텐션(긴장도)
전체 조화	• 퍼머넌트 와인딩은 로드의 간격, 텐션, 로드의 배치, 기법을 정확히 한다. • 제2형 혼합형일 경우 로드의 개수를 57개 이상 배열한다. • 조화미

Part IV 퍼머넌트 웨이브

제2형 혼합형 블로킹 준비물

준비물

마네킹, 홀더, 분무기, 꼬리빗, S브러시, 밴드(80개), 페이퍼(80장), 흰 타월 1장

로드 크기 : 8호(파랑) – 30개, 7호(노랑) – 30개, 8호(빨강) – 20개, 9호(핑크) – 10개, 10호(녹색) – 10개

제2형 혼합형 블로킹 과정

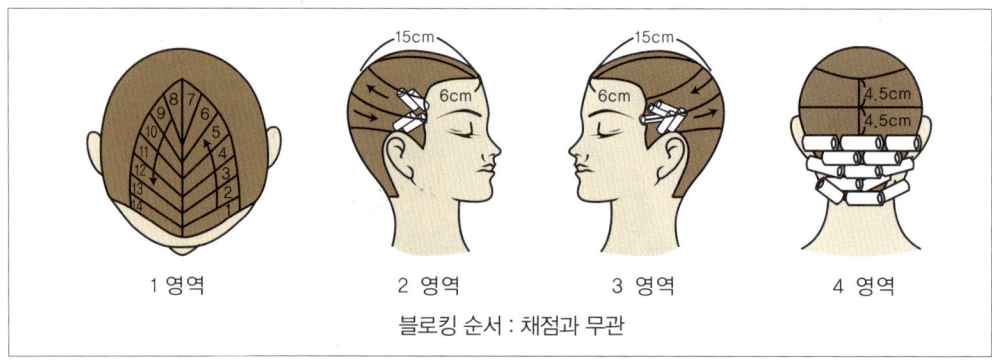

1 영역　　　2 영역　　　3 영역　　　4 영역

블로킹 순서 : 채점과 무관

● 혼합형 블로킹 과정

01 두상의 위치를 똑바로 하고 두발에 충분한 물을 분무한다. 두발을 곱게 빗질하여 센터 백 파트한다.

02 1단 우측 프린지를 C.P에서 약 6cm 지점에서 G.P까지 곡선으로 나눈다. 두발이 흘러내리지 않도록 고무밴딩 처리한다.

03 좌측도 02번과 같은 방법으로 한다. 블로킹을 정확하게 해야만 조화있는 와인딩을 할 수 있다.

04 2단 우측 사이드는 약 3~3.5cm 지점에서 G.P에 4.5cm 아래 부분과 수평으로 연결하여 나눈다.

05 좌측도 04와 같은 방법으로 한다.

06 3단 우측 사이드는 나머지 두발을 B.P로 연결하여 나눈다.

07 좌측도 06과 같은 방법으로 한다.

08 백에서 1단, 2단, 3단으로 블로킹한 모습이다.

09 네이프는 하나로 묶어서 고정한다. 전체 4단으로 나눈다.

10 앞에서 본 블로킹 완성모습이다.

합격 Point
- 센터파트 끝 지점에서 가로 4단으로 등분한다.
- 정중선을 기준으로 1단 7.5cm, 2단 4.5cm, 3단 4.5cm, 4단 약 7.5cm 블로킹을 정확히 한다.

Part IV 퍼머넌트 웨이브

제2형 혼합형 퍼머넌트 웨이브 과정

[1단 프론트 좌측 와인딩하기(로드 6호 파랑색 7개)]

대각 와인딩은 좌우 대각선으로 배열하는 패턴이다.

01 두발에 물을 충분히 분무한 후 프론트 왼쪽 헤어라인을 따라서 대각선으로 슬라이스한 후 두상 곡면에서 90° 들어서 로드 6호(파랑) 1지름만큼 베이스를 뜬다.

02 두상 곡면을 따라 로드를 배열한다. 어느 한쪽으로 로드가 기울어지지 않도록 한다.

03 헤어라인에 첫 번째 와인딩한 모습이다. 대각 와인딩은 반시계 방향으로 진행한다.

04 03에서 와인딩한 로드와 일정한 간격을 유지하면서 평행하게 배열한다.

05 5~6번째 로드는 사다리꼴 베이스로 뜬 후 언더라인에 로드를 배열한다. 7번째 로드는 삼각베이스로 뜬 후 도면처럼 로드를 배열한다.

06 두발이 건조하지 않도록 와인딩하는 중에는 물을 충분히 분무한다.

Hairdresser Performance Test

[1단 프론트 우측 와인딩하기(로드 6호 파랑색 7개)]

07 T.P에서 G.P에 이어서 삼각베이스를 뜬 후 두상 곡면에서 90° 들어준다.

08 07과 동일한 방법으로 하면서 스트랜드에 커브를 주면서 반시계 방향으로 손의 위치를 이동한다.

09 9번째 로드는 사다리꼴 베이스를 뜬 후 로드가 한쪽으로 기울지 않도록 한다.

10 로드에 균일한 두발 결이 되도록 각도, 텐션, 손가락 위치를 정확히 한다.

11 대각선 슬라이스를 하여 좌측 와인딩된 로드와 대각선으로 배열한다.

12 두발에 단면 엔드 페이퍼를 사용하여 헤어라인의 스트랜드는 낮게 한다.

13 1단 센터파트를 중심으로 대각 와인딩한 모습이다.

합격 Point
두발 끝이 꺾이지 않도록 엔드 페이퍼 끝부분부터 로드에 말리도록 한다.

Chapter 03 | 퍼머넌트 웨이브의 기본형   **267**

Part IV 퍼머넌트 웨이브

[오블롱 1단 우측 와인딩하기(로드 7호 노랑색 15개)]

14 오블롱 와인딩은 45° 파팅하여 두상 곡면에서 90° 들어서 마는 것이 기본원리이다. 대각파팅을 프린지 로드 세 번째 베이스와 연결한다.

15 우측 사이드 부분에 삼각베이스를 뜬 후 로드에 두발이 고르게 되도록 텐션을 준다.

16 프린지 로드와 어떻게 배열이 되는지 도면을 잘 파악한다.

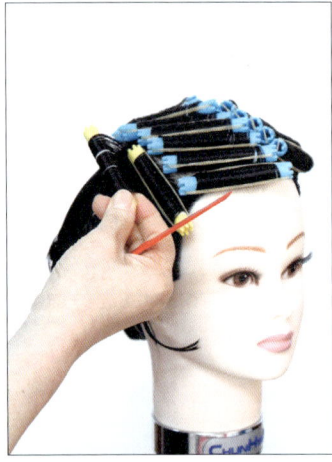

17 두 번째 로드를 첫 번째 로드와 평행하게 배열한다.

18 로드에 두발을 균일하게 하려면 각도, 텐션, 빗질을 일정하게 유지한다.

19 센터 백 부분으로 진행할수록 두상의 곡면의 각도가 급격해지므로 로드의 간격에 주의한다.

Hairdresser Performance Test

20 센터 백 부분에서 대각선 45° 슬라이스와 사다리꼴 베이스를 보여준다.

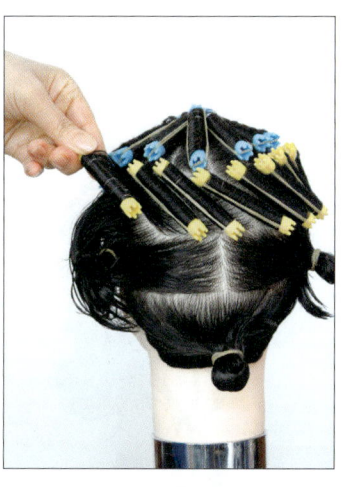

21 센터 백 부분에서 1단의 로드 개수보다 약 2개 정도 더 배열된다.

22 스트랜드를 90°로 곱게 빗어 로드가 한쪽으로 기울지 않도록 한다. 좌측 사이드 베이스를 보여준다.

23 로드 배열을 대각선으로 일정한 간격을 유지한다.

24 세 번째 단으로 이어서 연결하려면 페이스라인에서 삼각베이스로 뜬다.

25 두발 각도를 낮게 하여 수평으로 배열된다.

[오블롱 2단 좌측 와인딩하기(로드 7호 노랑색 15개)]

26 좌측 사이드는 23번 베이스와 연결하게 뜬 후 스트랜드에 커브를 주면서 반시계 방향으로 만다.

27 23번 로드와 연결된 모습이다.

28 위 로드와 직각이 되도록 배열한다.

29 센터 백 라인으로 진행하면서 로드 위치를 45° 대각선을 유지한다.

30 스트랜드 좌우의 두발을 평평하게 넓히면서 만다.

31 우측 사이드까지 45° 대각선으로 로드를 배열한다.

32 우측 사이드 오블롱 2단을 완성한 모습이다.

33 좌측 사이드 오블롱 2단을 완성한 모습이다.

34 뒷부분 오블롱 2단을 완성한 모습이다.

[벽돌쌓기 5단 와인딩하기(로드 8호 빨강색 13개)]

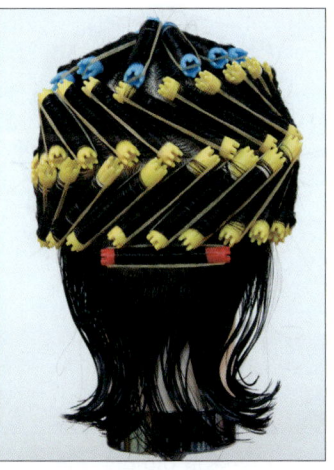
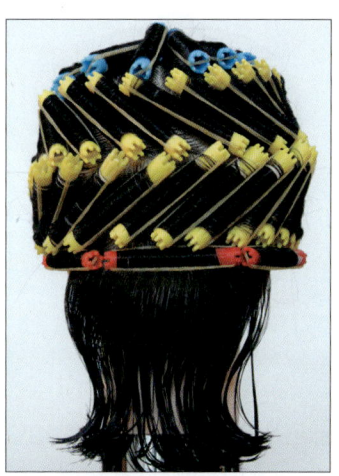

35 네이프 부분은 원투 방식의 벽돌쌓기 5단 패턴이다. B.P 중심에서 슬라이스하여 로드위치를 정확히 한다.

36 B.P에서 1직경 베이스하여 90° 이상으로 와인딩한다.

37 좌우측이 수평이 되도록 로드(8호) 3개를 배열한다.

Part IV 퍼머넌트 웨이브

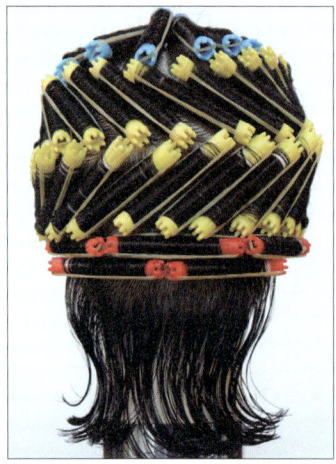

38 두 번째는 중심에서 양쪽으로 삼각베이스를 뜬 후 로드 2개를 배열한다.

39 와인딩할 때 한쪽으로 로드가 기울지 않도록 슬라이스에서 직각으로 당기면서 만다.

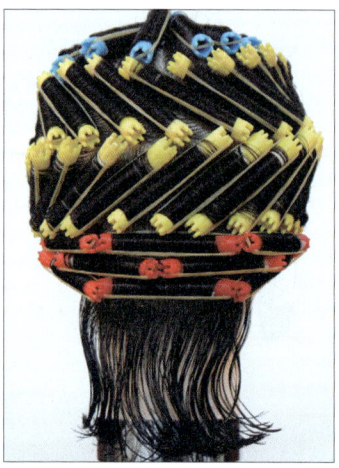

40 양쪽 네이프 사이드는 로드를 후대각으로 배열한다.

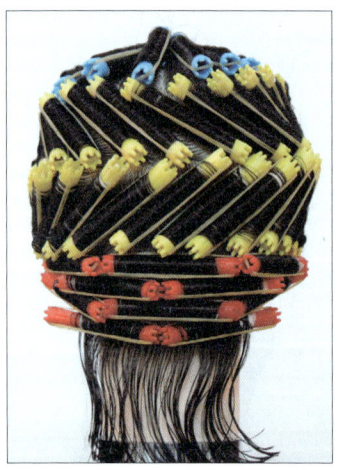

41 4단은 삼각베이스를 뜬 후 로드 2개를 배열한다.

42 5단은 수평 와인딩을 한다.

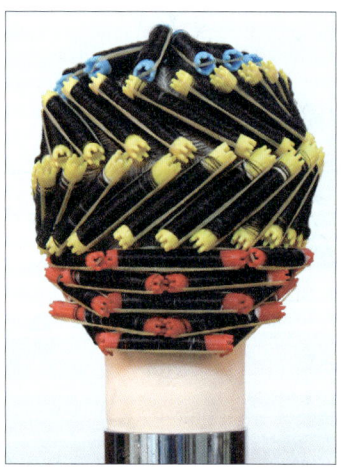

43 양쪽 네이프 사이드는 후대각으로 배열한다. 전체 로드는 57개 이상이다.

합격 Point
퍼머넌트 와인딩의 조화미는 로드의 간격, 텐션, 로드의 배열, 고무 밴딩 처리가 두발에 무리가 없으면서 웨이브가 잘 형성되도록 해야 한다.

MEMO

Part VI
헤어컬러링

국가기술자격시험 미용사 일반 실기

Hairdresser Performance Test

Chapter 01   헤어컬러링의 기초
Chapter 02   헤어컬러링

Chapter 01 헤어컬러링의 기초

01 색의 정의

태양광선 중 가시광선이 어떤 물질에 반사되는 것에 망막이 자극을 받아 두뇌에서 일어나는 반응을 말한다. 일상생활에서 볼 수 있는 색은 무채색과 유채색으로 구분된다.

(1) 색의 3속성

① **색상(Hue)** : 색에는 색깔을 갖지 않는 무채색과 빨강, 노랑, 파랑, 오렌지 등의 색을 가지고 있는 유채색이 있다.
② **명도(Value)** : 명도는 색의 밝고 어두움의 정도를 말한다. 검정 1단계에서 흰색 10단계를 숫자로 표시한 것을 레벨이라 한다.
③ **채도(Chroma)** : 색의 선명한 정도를 말하며 원색은 채도가 가장 높은 것이다. 채도가 낮아질수록 색상의 선명도가 흐려져 차츰 무채색이 된다.

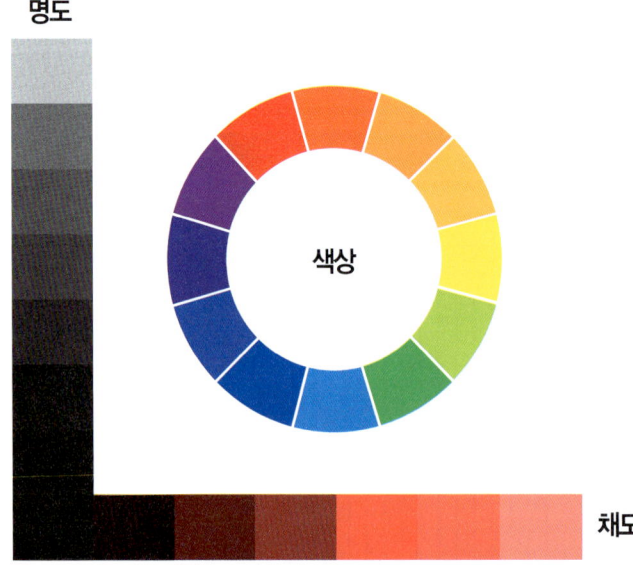

(2) 색의 혼합 법칙

① 1차색은 색상에서 노랑, 빨강, 파랑색은 다른 색상을 혼합하여 만들어질 수 없는 순수한 색이라 한다.

② 2차색은 두 가지의 1차색을 동일한 비율로 혼합하였을 때 만들어지는 오렌지, 보라, 초록색상이다.

③ 3차색은 1차색과 2차색을 동일비율로 혼합하였을 때 만들어지는 색상이다.

- **1차색** : 파랑, 빨강, 노랑
- **2차색** : 주황, 보라, 초록
- **3차색** : 1차색과 2차색의 1 : 1 비율

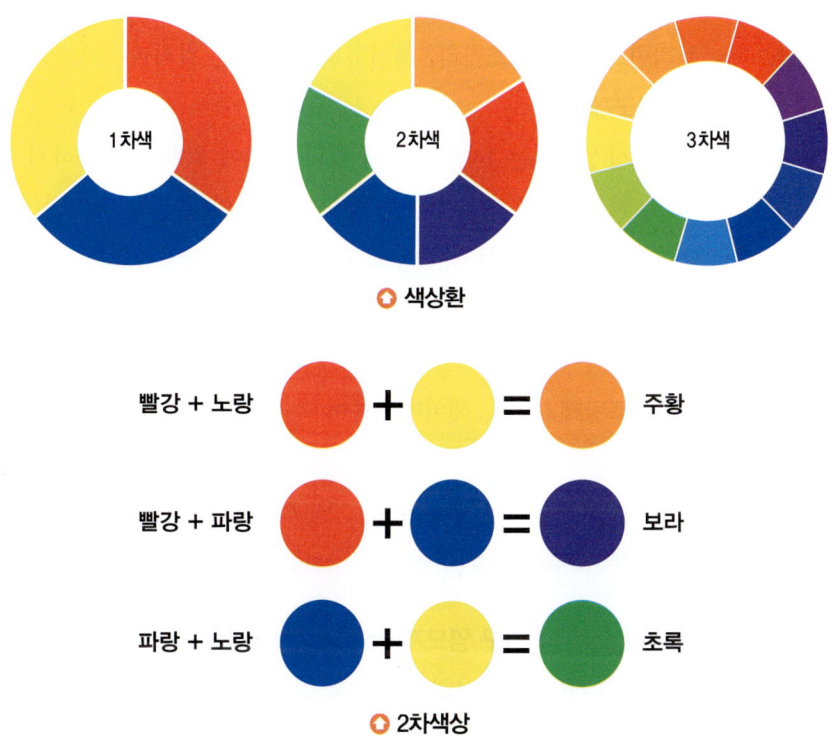

02 염모제의 분류와 종류

(1) 염모제의 특성에 따른 분류

비산화 염모제와 산화 염모제는 산화제를 사용하느냐 사용하지 않느냐에 따라 달라진다. 1제만으로 구성되어 있는 비산화 염모제는 두발의 명도를 변화시키지 않고 색상 표현만 할 수 있다. 1제와 2제를 혼합하여 사용하는 산화 염모제는 두발의 명도를 변화시켜 다양한 색상을 표현할 수 있다.

① **일시성 염모제**
  ㉠ 원리 : 큐티클 최외층(Epicuticle) 표면에 안료 또는 염료를 접착, 흡착시켜 염색한다. 염료색소입자가 커서 모표피층에 착색한 다음 한 번의 샴푸로 색상이 지워진다.
  ㉡ 종류 : 헤어컬러린스, 컬러마스카라, 헤어컬러스프레이, 컬러파우더, 컬러무스

② **반영구 염모제(산성염모제)**
  ㉠ 원리 : 코팅컬러, 산성컬러는 1제만으로 구성되어 있어 착색만 가능하기 때문에 직접 염모제라고도 한다. 모표피에 침투 흡착되어 두발의 손상을 최소화하면서 염색이 되며 색상 유지력은 2주에서 4주 정도 된다. 이온 결합의 원리를 이용한 염색법으로 두발의 pH 밸런스의 균형이 필요하며 염색 시술 전 약산성의 샴푸와 두발의 밸런스를 조절하는 것이 중요하다.
  ㉡ 종류 : 산성컬러, 코팅제, 왁싱, 헤어매니큐어

> **체크 Point**
> * **이온결합**
> 양이온과 음이온이 정전기적 인력으로 결합하여 생기는 화학결합이다.

③ **산화 염모제(Oxidative color) / 영구 염모제(Permanent color)**
산화영구 염모제는 염모제(1제)와 산화제(2제)를 혼합하여 사용하는 제품으로 두발에 영구적인 색상변화로 오랫동안 지속된다.
  ㉠ 원리 : 산화영구 염모제는 염모제(1제)와 산화제(2제)를 혼합하여 사용하면 탈색과 착색이 동시에 이루어진다. 1제의 알칼리제가 모표피를 팽윤시켜 염료가 쉽게 침투하도록 한다. 모피질에 침투한 염모제는 1제와 2제가 서로 반응하여 발생기 산소를 발생시키며 두발 속의 멜라닌 색소를 파괴시켜 탈색이 된다. 일부의 산소는 염료와 결합하여 산화중합반응으로 염료입자가 부풀면서 발색되어 색상을 만든다.

ⓒ 종류 : 염모제(1제)와 산화제(2제)를 혼합하여 사용한 산화 염모제

03 과산화수소(H_2O_2)의 종류와 강도

염모제의 2제, 탈색제의 2제로 사용할 때는 일반적으로 20vol과 30vol을 사용한다. 과산화수소(H_2O_2)는 영구 염모제를 산화시킴으로써 작은 입자를 큰 색소로 변화시킬 수 있으며, 모피질 내에 있는 멜라닌 색소를 탈색시킨다.

① 종류 : 크림타입, 액상타입, 정제타입
② 과산화수소의 농도에 따른 작용

볼륨	강도	작용
10vol	H_2O_2 3%	탈색작용은 안 되고 착색만 가능하다.
20vol	H_2O_2 6%	1~2 Level 밝게, 또는 어둡게 같은 레벨 탈색과 착색이 동시에 이뤄진다.
30vol	H_2O_2 9%	2~3 Level 밝게 한다. 탈색작용이 많다. 6%보다 두발손상이 크다.
40vol	H_2O_2 12%	4 Level 밝게, 탈색작용이 많다. 9%보다 두발손상이 크다.

04 자연두발색상

자연두발은 화학적 시술을 전혀 하지 않은 두발을 말한다. 천연색소인 멜라닌의 유형과 양, 분포도에 따라 밝고 어두움이 결정된다. 이를 숫자로 표시한 것을 명도 혹은 레벨이라 한다. 아주 어두운 흑색인 명도 1에서 아주 밝은 황금색 명도까지 10단계로 나눈다.

> **체크 Point**
>
> ＊멜라닌의 종류
> - 흑멜라닌(Eu-Melanin) : 흑멜라닌은 입자형 색소로 흑색이나 적갈색의 어두운 색을 나타낸다.
> - 적멜라닌(Pheo-Melanin) : 적멜라닌은 분사형 색소로 입자가 더 섬세하고 붉은색이나 노란색으로 나타난다.

헤어컬러링

05 탈색(Bleach)

자연두발을 인위적으로 밝게 하는 작용을 탈색이라 한다. 자연두발에 탈색제를 도포하면 암모니아는 두발을 부풀게 하고 과산화수소와 황산염이 작용하여 산소를 방출한다. 멜라닌 색소의 산화를 인위적으로 일으켜 멜라닌 색소를 점진적으로 분해함으로써 블리치 레벨 색상이 나타난다. 과산화수소(2제)는 탈색제와 혼합하여 사용한다. 밝게 하는 탈색 과정은 어두운 색상에서 붉은색, 오렌지, 노란색 순으로 변하는 단계를 1등급에서 10등급으로 나눈다.

Chapter 02 헤어컬러링

01 실기시험 안내(시술시간 : 25분)

과제목표	• 컬러링의 개념과 염모제 특징을 이해하고 사용법을 익힐 수 있다. • 1차 색을 배합하여 2차 색상인 주황, 보라, 초록 색상을 조절할 수 있다.
기본기법	• 과제에서 제시된 색상으로 염색하기 위해 색상에 따라 적합한 양의 염모제를 사용한다. • 조제법, 바른 자세 시술하기, 작업순서, 도구사용기법 및 손놀림 등을 자연스럽게 한다. • 제시된 색상으로 염색하기 위해 적당한 방치시간을 준수한다. ※ 헤어피스는 반드시 1개만 준비하여 사용한다.
시술순서	• 헤어피스를 아크릴판 위의 호일에 부착하고 피스 상단에서 5cm 아래 부분부터 제시된 산성칼라 염모제를 도포한다. • 산성칼라 염모제를 빨강에 노랑은 주황색상, 빨강에 파랑은 보라색상, 파랑에 노랑은 초록색상을 배합하여 원하는 색상을 만든다. • 염모제를 헤어피스에 도포할 적정량만 혼합한다. • 제시된 색상, 배합을 정확히 한다. • 산성염모제를 헤어피스에 빠짐없이 골고루 도포한다. • 산성염모제를 헤어피스에 잔여물이 남지 않도록 샴푸와 린스를 하여 헹궈주고 타월로 물기제거를 한다. • 제시된 컬러가 잘 착색되도록 호일 감싸기, 드라이어 사용을 적절히 취한다. • 물기 제거 후에 블로 드라이로 스타일링 한다. • 시술 후 작업대를 깨끗하게 정리한다.
준비물	• 헤어피스(시험용 웨프트, 7×15cm 이상, 1개, 명도 7레벨, 15g 내외) • 산성염모제(빨강, 노랑, 파랑) 1개씩(덜어오는 것은 제외) • 염색볼, 염색브러시 • 아크릴 판 또는 호일, 일회용 장갑, 문구용 가위 • 티슈, 신문지, 투명 테이프(폭 2.5cm 이상) • 물통, 헤어 드라이기, 샴푸제, 린스제 • 위생봉지(투명비닐), 타월(흰색), 분무기, 꼬리빗

Part VI 헤어컬러링

1형 주황색 컬러링

주황 = 빨강 + 노랑

※ 각 제조 회사 제품별 색상이 다양하기 때문에 똑같은 비율이라도 결과 색상이 다를 수 있다.

| 과정 (25분) | 준비 → 색상배합 → 도포 → 온풍 → 냉풍 → 자연방치 → 샴푸·린스 → 헤어피스 말리기 → 마무리 |

1형 주황색 컬러링 과정

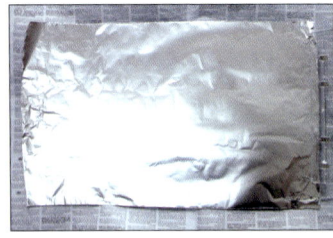

01 신문지 위에 아크릴 판을 놓고 호일을 아크릴 판 사이즈에 맞게 접어놓은 상태이다(호일 사이즈 40 × 25cm).

02 01 위에 헤어피스를 반듯하게 투명테이프로 고정하고 빗으로 곱게 빗어 놓는다.

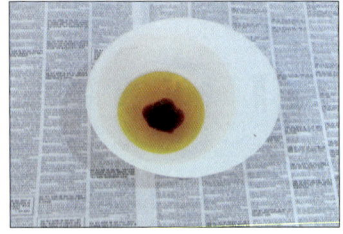

03 염색볼에 빨강+노랑 산성컬러 염모제를 브러시로 잘 배합한다.

Hairdresser Performance Test

04 하얀 종이에 주황색상이 잘 나왔는지를 테스트한다.

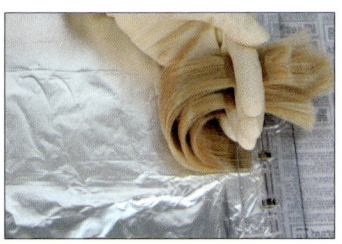

05 헤어피스에 착색이 잘 되기 위해 왼손가락 사이에 약 3~4개의 파팅으로 나누어서 그림처럼 고정한다.

06 헤어피스 위쪽에서 약 5cm 길이를 띄우고 수평라인이 되도록 호일에 염모제를 듬뿍 묻혀 브러시로 고르게 도포하는 것이 중요하다.

07 왼손가락 맨아래 두발을 06에 내려놓은 후 브러시에 염모제를 충분히 묻혀 도포해야 한다.

08 도포방법은 중간 길이에서 두발 끝 → 5cm 위치에서 중간 → 두발 끝 순으로 바르는 것이다.

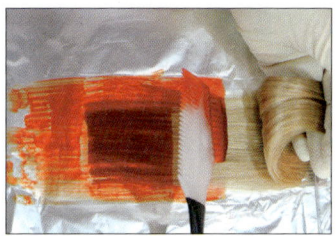

09 헤어피스에 염모제가 잘 침투되도록 브러시로 재빠르게 도포한다.

10 중간 길이에서 두발 끝으로 도포한다.

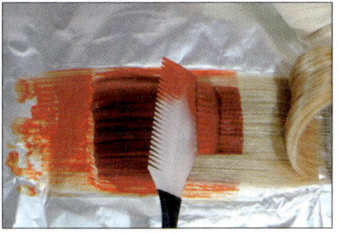

11 브러시 각도는 90°로 세워서 바르면서 차츰 45° 각도로 눕힌다.

12 브러시를 수직으로 세워서 좌우로 움직이면서 고르게 바르는 게 중요하다.

Part VI 헤어컬러링

13 세 번째 두발을 내려놓은 상태이다.

14 중간부터 끝으로 진행한다.

15 수평 라인에 염모제를 깔끔하게 도포한 후 브러시를 수직으로 세운다.

16 좌우로 움직이면서 꼼꼼히 체크한다.

17 헤어피스에 주황색을 충분히 도포한 상태이다.

18 17의 헤어피스를 호일을 사용해 가로로 접은 후 세로로 접어놓는다.

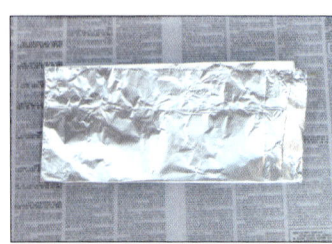
19 호일로 접어놓은 상태이다.

20 접어놓은 헤어피스를 블로 드라이기의 온풍으로 5~7분간 쏘이고 냉풍으로 3~4분 쏘인 후 자연 방치한다. 이 과정이 끝나면 주변 정리를 깔끔하게 한다.

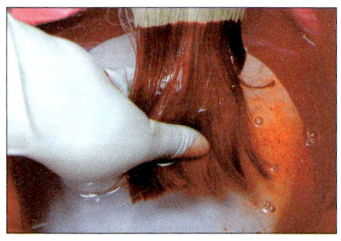
21 헤어피스에 염모제를 도포한 후 약 10분 지났을 때 샴푸와 린스로 물통에서 깨끗하게 씻어 헹군다.

22 헤어피스를 타월로 물기 제거한 후 블로 드라이기로 두발 결을 따라 물기가 마를 때까지 말린다.

23 주황색으로 염색한 헤어피스는 깔끔하게 정돈하여 과제물 제출지에 투명테이프로 고정시켜 제출한다.

체크 Point

수험자 주의사항
① 수험자의 편의에 맞게 호일을 미리 접어 준비해 가도 무방하다.
② 헤어컬러링 작업 시 도포된 염모제를 세척하지 못한 경우 감점대상이다.
③ 염색제와 샴푸, 린스는 본품 형태의 제품으로 지참한다(샘플이나 지나치게 큰 대용량은 작업공간에 불편을 주므로 지참을 지양한다).
④ 시험 도중 사용되는 모든 재료는 작업대 위에 정리되어 있어야 하며, 시험 도중 작업대 밑에 재료를 보관하는 것은 불가하다.

Part VI 헤어컬러링

2형 보라색 컬러링

보라 = 파랑 + 빨강

※ 각 제조 회사 제품별 색상이 다양하기 때문에 똑같은 비율이라도 결과 색상이 다를 수 있다.

과정 (25분): 준비 → 색상배합 → 도포 → 온풍 → 냉풍 → 자연방치 → 샴푸린스 → 헤어피스 말리기 → 마무리

2형 보라색 컬러링 과정

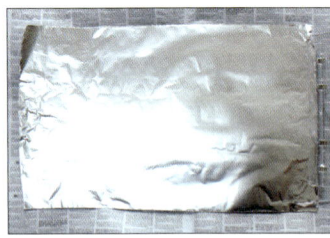

01 신문지 위에 아크릴 판을 놓고 호일을 아크릴 판 사이즈에 맞게 접어놓은 상태이다(호일 사이즈 40 × 25cm).

02 01 위에 헤어피스를 반듯하게 투명테이프로 고정하고 빗으로 곱게 빗어 놓는다.

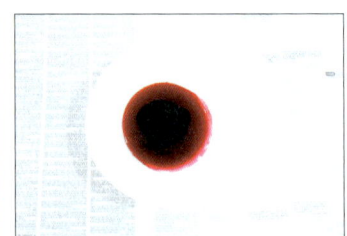

03 염색볼에 파랑+빨강 산성컬러 염모제를 브러시를 잘 배합한다.

Hairdresser Performance Test

04 하얀 종이에 보라색상이 잘 나왔는지를 테스트한다.

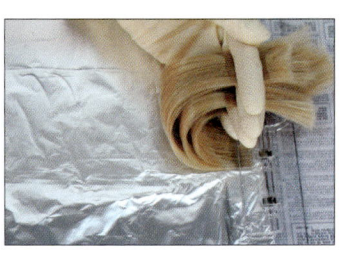

05 헤어피스에 착색이 잘 되기 위해 왼손가락 사이에 약 3~4개의 파팅으로 나누어서 그림처럼 고정한다.

06 헤어피스 위쪽에서 약 5cm 길이를 띄우고 수평라인이 되도록 호일에 염모제를 듬뿍 묻혀 브러시로 고르게 도포하는 것이 중요하다.

07 왼손가락 맨 아래 두발을 06에 내려놓은 후 브러시에 염모제를 충분히 묻혀 도포해야 한다.

08 도포방법은 중간길이에서 두발 끝 → 5cm 위치에서 중간 → 두발 끝 순으로 바르는 것이다.

09 위쪽의 5cm 라인에 정확하게 염모제를 도포한다.

10 두 번째 파팅의 두발을 내려놓은 상태이다.

11 브러시 각도는 90°로 세워서 바르면서 차츰 45° 각도로 눕힌다.

12 브러시를 수직으로 세워서 좌우로 움직이면서 고르게 바르는 게 중요하다.

13 세 번째 두발을 내려놓은 후 중간부터 끝으로 진행한다.

14 중간 길이에서 두발 끝으로 염모제를 깔끔하게 도포한다.

15 브러시를 수평라인에 정확하게 염모제를 도포한다.

Part VI 헤어컬러링

 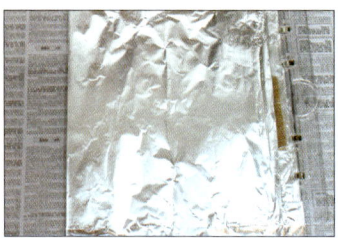 

16 헤어피스에 보라색을 충분히 도포한 상태이다.

17 16의 헤어피스를 호일을 사용해 가로로 접은 후 세로로 접어놓는다.

18 호일로 접어놓은 상태이다.

 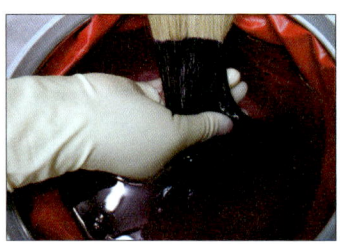 

19 접어놓은 헤어피스를 블로 드라이기의 온풍으로 5~7분간 쏘이고 냉풍으로 3~4분 쏘인 후 자연 방치한다. 이 과정이 끝나면 주변 정리를 깔끔하게 한다.

20 헤어피스에 염모제를 도포한 후 약 10분 지났을 때 샴푸와 린스로 물통에서 깨끗하게 씻어 헹군다.

21 헤어피스를 타월로 물기 제거한 후 블로 드라이기로 두발 결을 따라 물기가 마를 때까지 말린다.

22 보라색으로 염색한 헤어피스는 깔끔하게 정돈하여 과제물 제출지에 투명테이프로 고정시켜 제출한다.

Hairdresser Performance Test

3형 초록색 컬러링

초록 = 파랑 + 노랑

※ 각 제조 회사 제품별 색상이 다양하기 때문에 똑같은 비율이라도 결과 색상이 다를 수 있습니다.

과정 (25분): 준비 → 색상배합 → 도포 → 온풍 → 냉풍 → 자연방치 → 샴푸린스 → 헤어피스 말리기 → 마무리

3형 초록색 컬러링 과정

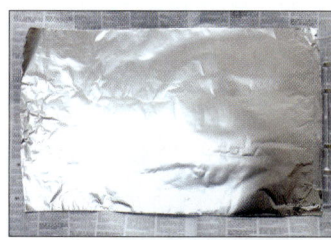  

01 신문지 위에 아크릴 판을 놓고 호일을 아크릴 판 사이즈에 맞게 접어놓은 상태이다(호일 사이즈 40 × 25cm).

02 01 위에 헤어피스를 반듯하게 투명테이프로 고정하고 빗으로 곱게 빗어 놓는다.

03 염색볼에 파랑+노랑 산성컬러 염모제를 브러시를 잘 배합한다.

Chapter 02 | 헤어컬러링 289

Part VI 헤어컬러링

04 하얀 종이에 초록색상이 잘 나왔는지를 테스트한다.

05 헤어피스에 착색이 잘 되기 위해 왼손가락 사이에 약 3~4개의 파팅으로 나누어서 그림처럼 고정한다.

06 헤어피스 위쪽에서 약 5cm 길이를 띄우고 수평라인이 되도록 호일에 염모제를 듬뿍 묻혀 브러시로 고르게 도포하는 것이 중요하다.

07 왼손가락 맨 아래 두발을 06에 내려놓은 후 브러시에 염모제를 충분히 묻혀 도포해야 한다.

08 도포방법은 중간 길이에서 두발 끝 → 5cm 위치에서 중간 → 두발 끝 순으로 바르는 것이다.

09 헤어피스에 염모제가 잘 침투되도록 브러시로 재빠르게 도포한다.

10 두 번째 파팅의 두발도 같은 방법으로 바른다.

11 브러시 각도는 90°로 세워서 바르면서 차츰 45° 각도로 눕힌다.

12 브러시를 수직으로 세워서 좌우로 움직이면서 고르게 바르는 것이 중요하다.

13 세 번째 두발을 내려놓은 후 중간부터 끝으로 진행한다.

14 수평 라인에 염모제를 깔끔하게 도포한 후 브러시를 수직으로 세운다.

15 좌우로 움직이면서 꼼꼼히 체크한다.

 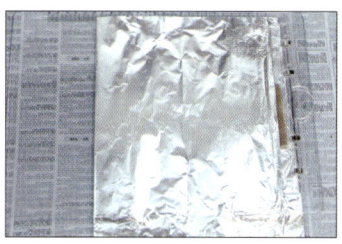 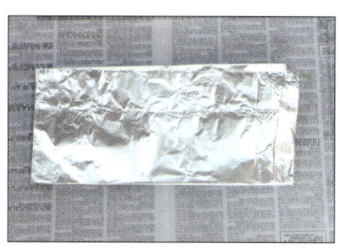

16 헤어피스에 초록색을 충분히 도포한 상태이다.

17 16의 헤어피스를 호일을 사용해 가로로 접은 후 세로로 접어놓는다.

18 호일로 접어놓은 상태이다.

 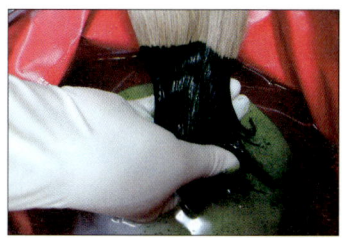 

19 접어놓은 헤어피스를 블로 드라이기의 온풍으로 5~7분간 쏘이고 냉풍으로 3~4분 쏘인 후 자연 방치한다. 이 과정이 끝나면 주변 정리를 깔끔하게 한다.

20 헤어피스에 염모제를 도포한 후 10~15분 지났을 때 샴푸와 린스로 물통에서 깨끗하게 씻어 헹군다.

21 헤어피스를 타월로 물기 제거한 후 블로 드라이기로 두발 결 따라 물기가 마를 때까지 말린다.

22 초록색으로 염색한 헤어피스는 깔끔하게 정돈하여 과제물 제출지에 투명 테이프로 고정시켜 제출 한다.

| 참고문헌 |

_ 『피부과학』, 성화, 조기여, 2001.
_ 『Hair Care ART』, 현문사, Healing hair care institute, 2002.
_ 『모발미용학』, 정문각, 곽형심 편, 1998.
_ 『두피모발관리학』, 군자출판사, 한국두피모발관리사협회, 2011.
_ 『블로우드라이』, 구민사, 김주섭 외 3인, 2004.
_ 『블로우 드라이스타일 디자인 방법론』, 형설출판사, 이상근 외 10인, 2005.
_ 『블로우 드라이 앤 아이론』, 청구문화사, 정년구 외 1인, 2003.
_ 『블로우 드라이 & 아이론 헤어스타일링』, 훈민사, 고경숙 외 2인, 2009.
_ 네이버 해피캠퍼스 http://www.happycampus.com/doc/11572611 사이트 내 검색

빨리빨리 합격하는
미용사 일반 실기시험문제

발 행 일	2026년 1월 10일 개정17판 1쇄 인쇄	저자협의
	2026년 1월 20일 개정17판 1쇄 발행	인지생략

저 자 오영애 · 문승재 · 김세원 공저

발 행 처  크라운출판사
http://www.crownbook.com

발 행 인 李尙原
신고번호 제 300-2007-143호
주 소 서울시 종로구 율곡로13길 21
공 급 처 (02) 765-4787, 1566-5937
전 화 (02) 745-0311~3
팩 스 (02) 743-2688
홈페이지 www.crownbook.co.kr
I S B N 978-89-406-4943-5 / 13590

특별판매정가 25,000원

이 도서의 판권은 크라운출판사에 있으며, 수록된 내용은
무단으로 복제, 변형하여 사용할 수 없습니다.
Copyright CROWN, ⓒ 2026 Printed in Korea

이 도서의 문의를 편집부(02-6430-7007)로 연락주시면
친절하게 응답해 드립니다.